健康影响评价理论与实践研究

中国健康教育中心　编

中国环境出版集团·北京

图书在版编目（CIP）数据

健康影响评价理论与实践研究/中国健康教育中心
编. —北京：中国环境出版集团，2019.10
ISBN 978-7-5111-4127-9

Ⅰ．①健…　Ⅱ．①中…　Ⅲ．①环境影响—健康—评价
Ⅳ．①X503.1

中国版本图书馆 CIP 数据核字（2019）第 220697 号

出 版 人　武德凯
责任编辑　赵楠婕
责任校对　任　丽
封面设计　宋　瑞

出版发行　**中国环境出版集团**
　　　　　（100062　北京市东城区广渠门内大街 16 号）
　　　　　网　　　址：http://www.cesp.com.cn
　　　　　电子邮箱：bjgl@cesp.com.cn
　　　　　联系电话：010-67112765（编辑管理部）
　　　　　　　　　　010-67162011（第四分社）
　　　　　发行热线：010-67125803，010-67113405（传真）
印　　刷　北京市联华印刷厂
经　　销　各地新华书店
版　　次　2019 年 10 月第 1 版
印　　次　2019 年 10 月第 1 次印刷
开　　本　787×1092　1/16
印　　张　11.5
字　　数　250 千字
定　　价　42.00 元

中国环境出版集团郑重承诺：
中国环境出版集团合作的印刷单位、材料单位均具有中国环境标志产品认证；
中国环境出版集团所有图书"禁塑"。

《健康影响评价理论与实践研究》
编 委 会

前　言

中共中央 2016 年 8 月 26 日审议通过《"健康中国 2030"规划纲要》，以此作为今后推进健康中国建设的行动纲领。《"健康中国 2030"规划纲要》第七篇"健全支撑与保障"中明确提出"全面建立健康影响评估制度，系统评估各项经济社会发展规划和政策、重大工程项目对健康的影响，健全监督机制"。

世界卫生组织将健康影响评价定义为系统地评判政策、规划、项目对人群健康的潜在影响及影响在人群中的分布情况的一系列程序、方法和工具。

为贯彻落实全面建立健康影响评价制度，提高健康影响评价能力，中国健康教育中心在原国家卫生和计划生育委员会重点调研课题"健康影响评价的方法和实施路径研究"的基础上，组织长期从事健康教育与健康促进以及相关领域的专家、学者共同编译撰写完成了《健康影响评价理论与实践研究》一书。

本书在编写过程中，汲取国外健康影响评价工作经验并结合我国健康影响评价工作的实际，注重基本理论与实践案例相结合，同时查阅收集和摘要选录了部分文献资料，尽量做到内容丰富并有一定指导性，力求使本书成为该学科研究领域的一本专业参考书籍。

本书编写中参考了大量相关文献资料，在此对原作者致以诚挚的谢意。由于经验不足、水平有限、时间仓促，在编写过程中难免出现某些不当和错误之处，欢迎各位同仁和广大读者惠予批评指正，我们将不胜感激。

《健康影响评价理论与实践研究》编委会

2019 年 7 月

目 录

第一章　健康影响评价概述

第一节　健康影响评价的产生

一、健康影响评价的定义

世界卫生组织（World Health Organization，WHO）于 1999 年提出，健康影响评价（Health Impact Assessment，HIA）是指系统地评判政策、规划、项目（通常是多个部门或跨部门）对人群健康的潜在影响及影响在人群中的分布情况的一系列程序、方法和工具。

国际影响评价协会（International Association for Impact Assessment，IAIA）将健康影响评价定义为一种程序、方法和工具的组合，它能系统地判断出政策、计划、方案或项目对人群健康的潜在（或非预期的）影响及其在人群中的分布，并确定适宜的行动来管理这些影响。

健康影响评价旨在通过考察政策、规划、项目对健康的潜在影响，进而影响决策过程。健康影响评价帮助政策制定者预见不同的选择如何对健康产生影响，促使他们在选择时充分考虑健康结果。

二、健康影响评价的起源与发展

健康影响评价最初由环境影响评价制度（Environmental Impact Assessment，EIA）衍生而来。20 世纪 80 年代开始，人们意识到健康状态受多种因素影响，包括社会、文化和物质环境以及个人行为特征。世界卫生组织提出了环境健康影响评价（Environmental Health Impact Assessment，EHIA）的概念，在环境影响评价评估过程中加入了健康评估的内容。早期的健康影响评价研究及实践大多发生在加拿大、澳大利亚以及欧洲的一些发达国家，这些研究针对大型基础设施项目，在环境影响评价流程中检视健康问题，基于环境影响评价的实施建立模型，或与环境影响评价相结合。也有研究者指出健康影响评价的另一个可能的起源是政治科学和其他社会科学的政策评估。

20 世纪 90 年代，对健康影响评价的研究在加拿大和部分欧洲国家达到高潮，研究者就其定义和目标等方面进行探索，形成了较为成熟的理论体系。以英国和荷兰为早期代表，欧洲的健康机构和研究者积极探索健康影响评价理论框架，并开发出一系列评价工具。譬如 1990 年英国海外发展管理局发起"利物浦健康影响计划"等。1992 年亚洲开发银行开发的健康影响评价框架，融合了环境影响评价，其中涉及危险辨识以及风险解读和管理。从 1993 年开始，加拿大不列颠哥伦比亚省要求通过内阁向政府提交议案时附上健康影响评价报告；不久，该省健康和老年人管理局开发出第一个健康影响评价工具。目前欧美国家在农业、空气、文化、能源、住房等多个领域应用健康影响评价工具，以减少相关政策和项目对公共健康的影响。

21 世纪开始，健康影响评价的发展更加多元化。欧洲、北美、非洲和亚太地区陆续进行健康影响评价实践，积累了丰富的经验，健康影响评价已经发展成为全球范围内的一项实践，对改善健康和健康公平发挥着重要作用。

世界卫生组织一直积极支持健康影响评价的发展。为了应对现有机制中公共机构在决策时常常未考虑政策对健康产生的影响这一问题，以及公众对不同机构间共同承担健康责任的呼吁，1986 年，世界卫生组织指出健康影响评价应作为一个独立工作领域，并在《渥太华宪章》中提出：和平、住房、教育、食品、经济收入、稳定的生态环境、可持续的资源、社会的公正与平等是健康的必要条件，要敦促所有部门的决策者了解他们的决策对健康带来的影响并承担相应的责任。《渥太华宪章》要求"系统地评估环境的迅速改变对健康的影响，特别是在技术工作、能源生产中和城市化的地区内，尤其如此"。1999 年，世界卫生组织欧洲健康政策中心发布《哥德堡共同声明》(*The Gothenburg Consensus Paper*)，认为健康影响评价有四种价值：民主、公平、可持续发展、合乎伦理地使用证据。《哥德堡共同声明》为健康影响评价这个新兴领域提供了重要的合法依据。

国内针对健康影响的评价主要集中在环境影响评价领域，已经制度化，也发生在重大工程项目的卫生学评价、卫生应急和食品安全风险评估等工作中。评价通常依据需要对工程项目中可能涉及的特定健康问题进行预测性评价，大多聚焦于环境保护、传染病防控等领域，评价的健康危险因素通常已有明确的安全阈值标准。在个别的项目评价中也涉及健康影响评价，如三峡工程对于周围特定人群的影响研究、2008 年北京奥运会对于城市健康影响的评估等，尚未发现针对多部门或其他部门政策、规划方面的健康影响评价的文献报道。2014 年以来，我国在健康促进县（区）试点建设中尝试建立公共政策健康审查制度，为探索适合我国国情的健康影响评价机制、路径和流程提供了基础。

三、健康影响评价的内容和技术程序

与世界卫生组织对健康的定义，即"健康是指一个人的身体、精神和社会适应力的完全健康，而不仅仅是指无疾病、不虚弱"相呼应，健康影响评价的内容涵盖了疾病、教育、就业、人口、生态环境等方面。

健康影响评价与环境影响评价、社会影响评价（Social Impact Assessment，SIA）的具体内容，既有相互交叉，也有各自不同。即使是针对相同的内容进行评估，三者也因为各自所属不同领域，其评估的侧重点存在明显差异。如健康影响评价和社会影响评价均涉及公共健康、就业、教育和个人行为等方面；社会影响评价研究的重点是项目或政策是如何影响就业率、收入和住房等，而健康影响评价的重点是项目引起的就业率、住房变化是如何最终影响居民健康，譬如就业和收入如何影响总体发病率、高密度和低质量住房环境如何影响呼吸系统疾病传播、犯罪率和暴力事件如何影响伤害发生率等。

健康影响评价使用最为广泛的领域为环境、交通和土地使用规划等，并逐渐被应用到劳动、教育、司法、罪行审判食物供应系统以及其他公共机构。南美洲、非洲和亚太地区的评估更多关注能源开发和基础设施项目。

目前公共健康和城乡规划的跨学科交叉研究日益受到关注，在规划实践中纳入健康影响评价工具逐步成为新兴趋势。健康影响评价为规划师提供了预判规划潜在健康影响的方法，同时能够使决策者和居民都可以从健康角度参与规划过程，了解其潜在影响并提出相关建议，开展公众参与。

健康影响评价的技术程序与环境影响评价、社会影响评价类似。世界卫生组织推荐的健康影响评价核心步骤为筛选、范围界定、评估、报告、监测，这些步骤在实施过程中常常会部分重叠或参杂。当然，在健康影响评价实践中，不同国家的具体实施程序有所差异，但其技术核心并无显著差别。

四、健康影响评价实施原则

《哥德堡共同声明》认为，健康影响评价应坚持民主、公平、可持续发展和合乎伦理地使用证据四种价值观，并在实施中遵循以下原则：民主性、公平性、可持续发展性、证据使用的伦理性以及处理健康问题时所用方法的综合性。

（一）民主性

强调公民有权直接参与或通过其选举的决策者参与那些影响其生活的提案制定过程。

应将公众参与纳入健康影响评价并告知使其影响决策制定者。应区分那些自愿暴露于风险的人和那些被迫暴露于风险的人。

（二）公平性

强调减少不平等。这些不平等来源于人群内部和人群之间的健康决定因素和（或）健康状况的可避免差异。健康影响评价应当考虑到健康影响在不同人群中的差异性，格外关注弱势群体，并提出修改意见，从而改善对受众的影响。

（三）可持续发展性

强调发展在满足当代人需求的同时，应不损害后代人满足其自身需求的能力。健康影响评价方法应能判断每个提案的短期、长期效应，并及时将其提供给决策者。健康是人类社会保持活力的基础，支持着整个社会的发展。

（四）证据使用的伦理性

强调证据归纳和证据解释的过程必须是透明和严格的，强调使用来自不同学科和方法的最佳证据，强调所有证据的价值性以及建议的公平性。健康影响评价方法应当利用证据来判断影响并提出建议，不应当过早地支持或反驳任何建议，并且应当是严格和透明的。

（五）处理健康问题方法的综合性

强调身体、心理和社会适应是由社会各个部门的众多因素所决定的（即"更广泛的健康决定因素"）。健康影响评价方法应当基于这些广泛的健康决定因素。

第二节　健康影响评价与"将健康融入所有政策"

一、"将健康融入所有政策"的产生背景及定义

世界卫生组织指出，健康不仅仅是没有疾病和痛苦，还是躯体和心理上的完好以及良好的社会适应状态；享有最高标准的健康是每个人的一项基本权利，与种族、宗教信仰、政治信仰、经济或社会条件无关；政府部门对其公民的健康负有责任，应提供充足的卫生和社会保障措施。

一直以来，卫生部门都在组建和筹集资金，建设优质、可及的卫生服务方面倾注了大量精力。但随着对健康影响因素的不断了解，越来越多的国家认识到健康的首要决定因素并不是健康服务，人群健康更多地受到社会、文化、经济和环境的影响。应对健康不仅是卫生一个部门的责任，所有部门制定的政策都会对人群健康及健康公平产生深刻影响，所有部门均应承担其对健康的责任。

公共政策可通过建设有利于健康的环境，对健康和健康公平产生重要影响。公共政策涉及水、卫生、教育、社会服务、社会和自然环境、农业和工业生产、贸易、管理、税收以及公共资源分配等多个领域，这些均会对人口健康和健康公平产生重要影响。此外，基础设施和环境监管、职业教育体系、税收和资源分配还会对卫生系统的运行环境产生特殊影响。因此，卫生部门需要开展跨部门活动，与其他部门合作，共同改善健康，提高健康公平性。

"将健康融入所有政策"（Health in All Policies，HiAP）是一种以改善人群健康和健康公平为目标的公共政策制定方法，它系统地考虑这些公共政策可能带来的健康后果，寻求部门间协作，避免政策对健康造成不利影响。"将健康融入所有政策"策略的提出是以与健康相关的权利和义务为基础的，重点关注公共政策对健康决定因素的后续影响，旨在提高各级政策制定者对健康的责任。"将健康融入所有政策"适用于各级政府部门，即制定政策和实施政策的机构，包括立法机构和行政机构。

二、"将健康融入所有政策"的起源

"将健康融入所有政策"的起源可追溯到公共卫生发展史的早期。从 19 世纪开始，人们就已发现制定政策可以作为对健康决定因素产生更大影响的一种手段，帮助改善健康状况。1978 年《阿拉木图宣言》和 1986 年《渥太华宪章》均强调了跨部门合作的重要性，尤其是后者提出了健康促进的理念和五大行动领域，明确了健康公平至关重要的作用。这两者均可视为"将健康融入所有政策"的主要理论基础。1988 年《阿德莱德宣言》以健康的公共政策为主要议题，交流了制定和实施健康的公共政策的实践，进一步明确了制定健康的公共政策能使健康促进的其他四项行动成为可能。"将健康融入所有政策"这一概念术语则诞生于 20 世纪 90 年代末期，在 2006 年芬兰第 2 次担任欧盟轮值主席国时得到了进一步阐述，成为当时主要的健康议题，在《2011 年里约健康社会决定因素政治宣言》和《联合国慢性非传染性疾病防控峰会决议》（2010 年联合国大会）中又得到巩固和加强，并成为 2013 年第八届全球健康促进大会的主题。

三、实施"将健康融入所有政策"的要素

实施"将健康融入所有政策"的要素包括政策、机制、机构、决策过程、工具和财政策略等。表 1-1 列出了实施"将健康融入所有政策"的常见要素及示例。

实施"将健康融入所有政策"时，宏观政策和问责体制以及合作部门间达成的协议有助于明确分工，为公务人员提供引导和指引。财务激励可加强部门间的合作。"将健康融入所有政策"涉及的机构是可变动的：有暂时性的，有永久性的，有比较狭小的，有比较宽泛的。但仅依靠机构是无法把"将健康融入所有政策"付诸实践的，通常还需要依靠强有力的领导能力和政治意愿做出决策以及制定可持续实施政策。跨部门决策过程，如协商程序、政府策略和计划的制订以及公共报告体制的建立等，均为"将健康融入所有政策"机构的建立提供了基础，并有助于促进部门间展开政策对话。

由于"将健康融入所有政策"需要预测对健康产生的影响，所以会用到不同形式的政策影响评价，如健康影响评价、健康公平性影响评价和含有健康因素的环境、社会影响评价。目前，健康影响评价在全球范围内被广泛实践，其中包括了一些涵盖重要健康因素的正式影响评价，这些正式影响评价对有潜在重大环境影响的项目而言是强制性的，同时也可以为城市规划提供依据。这些政策影响评价既体现了"将健康融入所有政策"策略的广泛实施，也是探索"将健康融入所有政策"实践技术的结果。

表 1-1　实施"将健康融入所有政策"的常见要素及示例

要素		描述	示例
政策和机制	法律、法规	专门用于加强跨部门合作，加快实施有利于健康政策的法律框架	《阿姆斯特丹条约》第 152 条（EU）《烟草控制框架公约》（WHO FCTC）（参见第 10 章）、《消除对妇女一切形式歧视公约》（CEDAW）或《儿童权利公约》（CRC）（参见第 6 章）等国际协定
	协定协议	政府或学术机构、民间团体、私营部门之间签订的正式或非正式合作协定	总统备忘录——儿童肥胖专案小组的成立（美国）
	问责体制	法律框架，包括预测对健康可能产生影响时所使用的机制。为影响评价提供法律支持	《医疗保健法》规定，市政府在制定决策时须将健康影响等因素考虑在内（芬兰）。《南澳大利亚战略计划》规定了实施"将健康融入所有政策"方法的任务
	政治架构	负责制定普通政策目标的政治主体间达成的政治协议	政党选举前，常将采纳"将健康融入所有政策"作为宣言的一部分。"将健康融入所有政策"得到了党派的政治支持

	要素	描述	示例
机构	跨部门委员会	由不同政府部门的代表组成。这些代表大多数来自同级部门（例如，国家、地方和地区同类行政管理部门），但也有由来自上下级部门的代表组成的。机构可以包括非政府组织（NGO）、私营部门、政党和/或常任机构	公共卫生咨询委员会（芬兰）；跨部门就业委员会（秘鲁）；农药、化肥和有毒物质生产和使用控制跨部门委员会（墨西哥）；"将健康融入所有政策"工作小组（美国加州）
	专家委员会	由公共部门机构、学术机构、NGO、智囊团或私营部门等专家组成，通常是为特殊专项任务而组建的。组建该类机构的目的是保持政治平衡	养老保险制度改革总统顾问委员会（智利）
	支持单位	原卫生部门内部机构或获得授权加强跨部门合作的其他机构	研究"将健康融入所有政策"的机构（澳大利亚南澳大利亚州）
	网络	灵活的协调机制，由机构合作伙伴组成	坎特伯雷"将健康融入所有政策"合伙企业（新西兰坎特伯雷）
	合并或协调部门	获得授权的部门，会由几个部门组成，负责跨部门协调工作	社会事务和卫生部（芬兰）；卫生和家庭福利部（印度）；社会发展部（南非）
	公共卫生机构	监控公共卫生和其决定因素的公共机构；分析跨部门政策和政策对健康产生的潜在影响能力的公共机构	详细名单请参考国家级公共卫生机构国际联盟（IANPHI）
决策过程	正式的咨询程序和政策对话	就主要政策建议进行正式咨询和跨部门咨询	议会听证会；国际劳工组织（ILO）第169号公约咨询-土著居民
	制订政府计划和策略	政府制定其执政期间计划的工作，确保在编制计划或策略书时将健康影响因素考虑在内	从卫生角度出发为政府部门编写重要提案，以供政府部门将此提案纳入政府计划中。国家社会经济发展计划
	公共卫生政策报告体制	多个部门编写的公共卫生政策报告以及其建立公共卫生监控体制，主要涉及重大决定因素和风险因素、相关政策、决定因素和健康结果等方面	芬兰国家健康报告（19）；美国西雅图国王县公共卫生报告（第14章）
工具	法律、法规、政策或融资提案的影响评价	从卫生角度或更全面角度出发；由卫生部门或提案主管部门实施；可以依法强制实施或否	魁北克和泰国相关案例
财政策略	鼓励合作或联合预算的补贴或财务支持机制	广泛的计划或提案，这些计划或提案设定了预算和目标，旨在解决重大的跨部门问题	芬兰社会福利和卫生保健国家发展计划（卡斯特计划）为地方跨部门合作提供了资金支持

来源：St-Pierre L，et al. 2009. Governance tools an framework for Health in All Policies.

四、健康影响评价在"将健康融入所有政策"实施中的作用

健康影响评价作为"将健康融入所有政策"实践的工具要素，是实施"将健康融入所有政策"的专业技术和有效途径。从国际实践来看，落实"将健康融入所有政策"有两种

常见做法，一种是针对特定健康问题的跨部门协作，多部门出台相关政策，共同应对健康问题；另一种是针对各个部门的各类公共政策开展健康影响评价，预估拟订政策对人群健康的潜在影响，提出政策修改建议。此时，"将健康融入所有政策"不再是只关注以健康为主题的政策，而是把视野扩展到那些看起来和健康没有直接关系，却在实际上对健康有重要影响的政策。实践证明，实施健康影响评价，有助于促使各个部门更加"自觉""自醒"地承担起健康责任，应对更为广泛的健康决定因素，有助于提升"将健康融入所有政策"的广度和深度，更好地应对健康挑战。

第三节　健康影响评价的益处及意义

Rajiv Bhatia 博士基于世界卫生组织相关报告及研究文献综述，在《健康影响评价实践指南》中系统阐述了健康影响评价的意义。

（1）健康影响评价可以鉴别和定性地给出每一项可替换的决策给健康带来的潜在伤害或益处，包括给一些特定人群所带来的不利影响，为大众和政策制定者提供一个了解每一项议案对健康影响的途径。同时，健康影响评价可以为计划、政策、程序、项目推荐一些缓解措施和备选设计，以保护和提升健康水平，防止健康不公平现象的发生。

（2）健康影响评价确保决策制定过程中，制定者在健康影响方面保持透明性并具有责任担当。健康影响评价提供了一种特别机制，能使受影响人群参与到相关政策制定的过程中，有助于解决受公众关注和有争议的健康问题，尽可能地对政策的实施产生最大的推动作用。

（3）健康影响评价可成为一种工具，构建针对人群健康需求的公众意识和体制意识。作为体制研究的承载物，健康影响评价将影响到政策制定者对于决策的健康效应的思考方式、体制机构将健康考量与政策设计的结合方式、公共卫生领域与公共机构（除健康部门外）的关系模式。

健康影响评价是实施健康中国战略的核心策略之一。《"健康中国2030"规划纲要》把"将健康融入所有政策"作为推进健康中国建设的重要保障机制，要求加强各部门各行业的沟通协作，形成促进健康的合力。全国卫生与健康大会把"将健康融入所有政策"上升为新时期卫生与健康工作方针的内容之一，要求从战略的、全局的高度，全面推进实施这一方针。落实"将健康融入所有政策"方针，其核心是全面建立健康影响评价评估制度，系统评估各项经济社会发展规划和政策、重大工程项目对健康的影响，并健全监督机制。

（孙桐　钱玲　卢永）

第二章 国外健康影响评价概况

第一节 健康影响评价机制

一、健康影响评价制度

由于在公共政策决策机制、主要健康问题及其影响因素、健康影响评价（Health Impact Assessment，HIA）专业发展等方面不尽相同，各国的健康影响评价实践呈现出多样化的特点，没有统一的机制和路径。总体来看，多数国家的健康影响评价尚处于探索阶段，还没有制度支持，不具有普遍性和强制性。以美国为例，政府没有法律规定一定要开展，健康影响评价仍是一种自主行为，实施主体多为专业机构或大学等，通常针对一些受关注的公共政策或项目开展，在城市规划、交通等领域应用较多。

健康影响评价作为一项制度仅是在个别国家的州省存在，尚无在国家层面整体推进的先例。例如，澳大利亚的南澳大利亚州和新南威尔士州建立了健康影响评价制度，要求各项政策在制定草案之后、实施之前引入健康影响评价，由相关专业机构联合政府和其他相关组织组织开展。健康影响评价的制度化，有助于各个部门切实承担起对健康的责任，最大程度上避免各个部门的决策对人群健康造成危害，同时也显著提高了社会各界的健康意识。澳大利亚在州层面建立健康影响评价制度的工作模式，得到了世界卫生组织的认可，也被其他国家学习借鉴。例如，泰国以往将健康影响评价定位于一种参与式学习的过程，近年来也试图推进健康影响评价的制度化，在环境影响评价（Environmental Impact Assessment，EIA）中探索增加健康影响评价的审批机制。

二、健康影响评价的实施主体和应用领域

自国外推广运用健康影响评价以来，世界卫生组织（World Health Organization，WHO）

和欧洲、北美、澳大利亚等国积累了丰富的经验。健康影响评价实践拥有多样化的主体，从地方政府及政府相关部门和决策者，到社区、社会团体和组织，到大学和企业等，从不同角度对健康影响评价理论和实践进行了探索。公共健康机构和其他组织（如健康影响评价倡导组织）也越来越多地将健康影响评价作为一种手段，提高对于健康决定因素的公共意识，推动以预防为主的理念，支持健康的公共政策，以及推进跨机构跨部门的协同合作。

目前，各国健康影响评价工作主要由公共健康部门或非政府组织（如世界卫生组织、世界银行等）主导，应用于政策（如公共交通发展战略或住房援助政策等）、规划（如城市与区域规划等）和项目（如住房或道路开发等）3个层面，广泛涉及环境（空气、噪声、水和废弃物等）、产业（农业、能源、矿业、旅游等）、社会（文化、社会福利等）以及城市化（发展、住房、交通和土地使用等）等多领域，并逐渐扩展到劳动、教育、司法、食物供应系统以及其他公共机构。

第二节　健康影响评价技术路径

健康影响评价作为一系列程序、方法和工具的集合，其实施的技术要求很高。在近30多年实践中，世界各国对健康影响评价技术和工具进行了探索，并根据各自国情，编写了健康影响评价技术指南指导本国实践。世界卫生组织结合各国经验，基于宏观层面，总结了一些健康影响评价原则和框架流程建议，为倡导全面建立健康影响评价制度和健康影响评价实践提供参考。

一、健康影响评价实施时间点

针对健康影响评价实施的时间点，《哥德堡共同声明》建议：健康影响评价应是前瞻性的活动，应在政策、方案或项目确定前实施，以确保在政策（方案、项目）的设计阶段能够采取措施，实现正面健康影响的最大化和负面健康影响的最小化。然而，这种前瞻性健康影响评价在具体实践中往往不容易实现。因此，健康影响评价也可以在政策（方案、项目）执行阶段同期进行，或者进行回顾性健康影响评价，在了解既有工作的进展情况下，对政策进行修订调整，或为后续工作提供前瞻性参考。

二、健康影响评价技术程序

关于健康影响评价的技术程序，不同国家有些微区别。如美国健康影响评价包括筛选、范围界定/审查、评估、推荐替代方案、报告和交流、监测 6 个步骤，其中范围界定和评估可能是交替重复进行（参见附录二，美国加利福尼亚州健康影响评价指南的制定和实践）；新西兰健康影响评价包括筛选、审查、评估和报告建议、监测 4 个步骤（参见附录二，新西兰对政策的健康影响评价指南）；澳大利亚健康影响评价包括筛选、范围界定、剖析、风险评估、风险管理、决策、监测评估 7 个步骤（参见附录二，澳大利亚健康影响评价指南）。

尽管步骤数不同，但健康影响评价的技术核心并不存在显著差别。世界卫生组织（WHO）推荐健康影响评价核心步骤为筛选（screening）、范围界定（scoping）、评估（assessment）、报告（reporting and recommendations）、监测（monitoring and evaluating），这些步骤在实施过程中常常会部分重叠，见图 2-1。

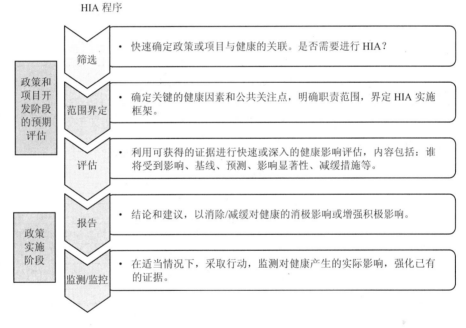

图 2-1 世界卫生组织推荐的健康影响评价（HIA）程序

第一步是"筛选"，由于不可能对所有的政策（方案、项目）进行健康影响评价，通过筛查来判断何时需要进行健康影响评价。筛选需要重点关注的是拟定政策是否会影响主要的健康决定因素以及是否会影响全人群或脆弱群体，判定健康影响评价在决策过程中的价值、可行性和实用性。

第二步是"范围界定"，从政策变动的紧迫性、影响、利益、时间及可用资源等方面确定健康影响评价需要优先考虑的问题，确定健康影响评价实施框架，包括执行计划、时间安排和职责范围，确定证据收集和研究方法等。

第三步是"评估",是健康影响评价的主要工作内容。可采用定性和定量方法收集和分析证据(如查阅相关政府部门资料、采访关键人士、组织公众群体进行讨论、实地调研、采用地理信息系统绘图,以及分析文献等),描述人群健康状况的基线和预期健康影响,评估不确定性,明确并评估缓解措施、策略、备选决策方案的效用与可行性,推荐优先选项,开发健康管理和监测计划等。

第四步是"报告",对评估过程以及结果进行书面报告,最终得出相应的行动框架。报告内容包括健康影响评价评估背景、现状分析、影响因素清单、评估结果、建议以及后期监测内容等(见表 2-1)。

表 2-1 健康影响评价报告的主要内容

描述项目内容和健康影响评价评估背景、总体现状分析	社区居民健康现状
	社区内健康的影响因素,如就业、污染、住房状况
	社区内弱势群体(老年人、少数民族等)情况
	……
目前的政策提案将会带来什么影响?并列出间接影响因素清单	目前的政策提案会使影响因素有什么变化?
	居民健康会受到怎样的影响?
预估影响程度并提出建议	明确预估的不确定性,运用"一定""很可能""可能"对评估结果评级;
	总结目前政策提案对健康的影响;说明其对公平性的影响,谁会获益?谁会损失?
监测和评价	不同人群(按种族、收入、地区等分类)受到的影响有什么不同?
	是否能改善社区内最差的片区?
	拟定政策实施后,需要监测哪些指标来检查健康影响评价的效果?
	在早期干预的情况下,需要特别注意哪些方面?
	从此次健康影响评价工作中能总结出什么经验,可以用于之后的评估工作?

第五步是"监测",是在政策实施阶段的跟踪监测,监控决策和缓解措施的执行情况以及对健康决定因素和健康结局的影响。如结果不如预期则通常需做行动调整并再次评估。该阶段包括过程评价(process evaluation)、影响评价(impact evaluation)和结果评价(outcome evaluation)三项内容,其评价对象分别为健康影响评价评估过程、健康影响评价评估结果对决策过程和结果的影响程度以及最终决策对健康的影响结果。可根据具体项目资料、决策者和居民需求以及健康影响评价评估时间长短等,选择适宜的评价方法。

表 2-2 结合世界卫生组织推荐的健康影响评价核心步骤,对美国、新西兰、澳大利亚健康影响评价技术程序及内容做了一个简单的描述。

表 2-2　健康影响评价技术程序的比较

美国加利福尼亚健康影响评价指南		新西兰健康影响评价指南（主要针对政策）		澳大利亚健康影响评价指南（主要针对环境及规划项目）[b]	
步骤	目的内容	步骤	目的内容	步骤	目的内容
筛选	评估健康影响评价在决策过程中的价值、可行性、实用性。 （1）决策对人群健康产生重大影响的可能性？（特别是属于可以避免的、被不平等地分配的、非自愿的、有害的、不可恢复的或是灾难性的影响） （2）在利益相关人、决策制定者或受影响群体之间，是否存在对该决策的健康效应的争议？ （3）如果不做健康影响评价，对该决策的健康影响能否理解和把控？ （4）健康影响评价是否遵循政策或法律要求？ （5）健康影响评价结果能否对一项规划、政策或项目改变产生影响？ （6）是否有进行健康影响评价的资源和技术专家？	筛选	作为一个选择程序，快速判定政策影响人口健康的可能性，以及是否有必要进行健康影响评价。 筛选的结论： • 有必要进行健康影响评价。 • 没有必要进行健康影响评价，但是可以就如何改善负面的健康影响提出建议。 • 目前，由于信息不足，尚不能做出判定。如果信息不足，无法做出判断，则可在获得更多信息之后，重复筛选程序	筛选	是否应进行健康影响评价？ 过滤掉不需要进行健康影响评价的项目，如： • 预料健康影响是可以忽略的； • 健康的影响是众所周知的、可通过常规措施控制的
范围界定/审查	确定健康影响评价和交流要针对的问题和使用方法。确定健康影响评价不同参与者的角色和责任。 （1）确定该决策可能对健康产生的重大影响。 （2）基于利益相关者和决策者意见，选择优先解决问题。 （3）确定证据和研究方法。 （4）确定评估者、利益相关者和决策者各自的角色定位。 （5）确定健康影响评价时间表	审查	确定健康影响评价所需要优先考虑的关键问题，以充分利用时间和经费资源。审查是对项目管理的简化。 （1）写一份评估方案（或项目计划）安排工作。 （2）判断健康影响评价的等级/深度和需要使用的评价工具。 • 快速的健康棱镜方法。 • 综合性的健康评估工具	范围界定	针对哪些问题开展健康影响评价？ （1）确定需要健康影响评价重点关注的潜在的健康影响； （2）界定时间、地域、覆盖人群； （3）确定需要参与的利益相关者； （4）就风险评估的细节与提议者、卫生部门和其他利益相关者之间达成一致

美国加利福尼亚健康影响评价指南		新西兰健康影响评价指南（主要针对政策）		澳大利亚健康影响评价指南（主要针对环境及规划项目）[b]	
步骤	目的内容	步骤	目的内容	步骤	目的内容
评估（健康影响）[a]	基于可利用的证据，评估备选决策给健康带来的潜在影响。 （1）收集证据，描述受影响群体的基线健康状况（包括健康状况、健康决定因素以及易感性/脆弱性）。 （2）描述决策对健康的预期影响的特征。 （3）评估不确定性（上述预测的可信度）	评估、报告和建议	对健康的潜在利益和风险进行描述；判断利益和风险的性质和大小。 （1）确定与（正在评价的）政策相关的健康决定因素。 （2）利用评价工具来确定健康影响。 （3）评估健康影响的重要性。 （4）报告需要做的政策变动。 结论： （1）评估的结论：对于一项决策而言，至少有两个选项可供选择——保持现状或做出变更。健康影响评价要考虑这两个选择并进行比较。 （2）根据 HIA 等级选择报告方式。 至少需要包括： • 健康影响评价过程以及涉及的人员、组织和资源。 • 健康影响评价所使用的方法。 • 对合作、保护和参与的评价 • 对健康影响的评估。 • 提出最大程度加强正面影响和将负面影响减弱至最小化的建议。	剖析	对受影响人群和当地环境现状的描述，尤其是那些对变化比较敏感的因素或可以作为健康影响衡量指标的因素的描述。剖析可为后期健康影响的评价提供基线
推荐替代方案	确定决策的备选方案或缓解影响的措施，以保护和促进健康。 （1）确定并评估缓解措施、备选方案的效力与可行性。 （2）基于利益相关者意见，推荐优先方案。 （3）设计一份健康管理和监测计划			风险评估	评估被提议的项目对健康的潜在影响（包括负面风险和正面获益）。 （1）风险和收益是什么？ （2）谁会受到影响？ 风险评估可以是定量评估或定性技术或者是两者综合运用
				风险管理	对风险评估的响应。是基于科学、技术、社会、经济和政治方面的信息，对替代方案进行评估、选择和确定执行的过程。 （1）风险是否可以避免或最小化？ （2）是否有可行的替代方案？ （3）如何评价和比较收益和风险？ （4）如何调和对成本和效益、影响性质和影响大小的不同认知？ （5）对未来健康风险的预测能否经得起法律和公众的审查？
报告与交流	就健康影响评价所发现的问题，与决策过程的利益相关人进行有效和广泛的交流。 （1）把健康影响评价过程、发现和建议形成报告。 （2）征求并反馈利益相关者的意见。 （3）与决策制定者、支持者以及其他利益相关者交流健康影响评价		总的来说，越详细的评价要求越详细的报告。 （3）建议有四个层次的响应： • 信息不足——需要进一步收集信息，继续评估。 • 调整政策建议，增强正面影响——没有完全认识到提供或扩大健康收益的机会。 • 调整政策建议，处理负面影响——如人群中某个确定群体受到负面影响。 • 无须行动——无可行方法增强对健康的潜在正面影响（或避免负面影响）	决策	根据健康影响评价结果，进行最终决策的过程。该过程并非健康部门的职责，需要健康部门与决策者之间有充分的沟通。 （1）健康影响评价评估是否为决策提供了充分、有效和可靠的信息？ （2）是否存在有待解决的冲突？ （3）如何强制执行这些条件？ （4）如何监测影响以及由谁来监测？ （5）如何提供项目后的管理？

美国加利福尼亚健康影响评价指南		新西兰健康影响评价指南（主要针对政策）		澳大利亚健康影响评价指南（主要针对环境及规划项目）[b]	
步骤	目的内容	步骤	目的内容	步骤	目的内容
监测	实时监控决策实施的过程以及实际的健康效果，确保健康防护的长期效果。 （1）监测决策和缓解措施的执行情况。 （2）监测受该决策影响的健康决定因素和健康结果	监测	包括过程评估和影响测评。 （1）评估健康影响评价是如何进行的，为今后健康影响评价的实施提供参考。 （2）分析健康影响评价建议在最终政策制定过程中的应用程度。 （3）评估健康影响。在具体实践中由掌握有充足资源的评估技术人员完成	监测评估	作为过程评估和效果评估。包括监测、环境和健康审查及项目后评价。 （1）项目是否按照要求实施？ （2）环境和健康影响评价作为一个整体，是否实现其保护环境和健康的预期目的？

注：a. 健康影响评估与范围界定交替进行。

b. 澳大利亚健康影响评价步骤在"筛选"之前，还包括两个环节：

- 第一个环节是社区咨询和沟通，贯穿于健康影响评价全过程。其内容包括：（1）向社区提供建议的健康影响评价细节、潜在影响的性质和大小及其相关的风险和利益。（2）纠正误解，消除隐患。（3）在完成健康影响评价建议之前，让利益相关者有机会发表意见。

- 第二个环节是项目描述，使人们清楚了解项目目的和内容，以及可能的影响。项目描述内容包括：（1）项目背景、目的及目标；（2）项目过程、所用材料及设备以及建筑布局；（3）项目各阶段的一定细节；（4）项目过程中的投入（如能源、水和化学品）和产出（如产品和废料）的类型和数量，及其处理和处置的简要讨论；（5）基础设施和服务建设（如电、水、排水设备和道路等）；（6）项目相关的优劣；（7）正面或负面的健康影响；（8）应急预案。

结合健康影响评价核心步骤和国内外实践，国内学者对健康影响评价在城市规划中的基本运作程序和机制进行了描述（见图2-2），可供大家参考。其中第一步"筛选"一般由政府部门来判断是否需要进行健康影响评价；第二步"范围界定"由健康主管部门和主要利益相关者共同拟定健康影响评价的实施方案；第三步"评估"由专业团队对政策（方案或项目）的健康潜在影响进行分析和评估；第四步"报告"由健康主管部门或其指定的独立咨询机构根据评估结果形成（见表2-1）；第五步"监测"由健康主管部门和其他相关部门对政策的实施进行跟踪监测。

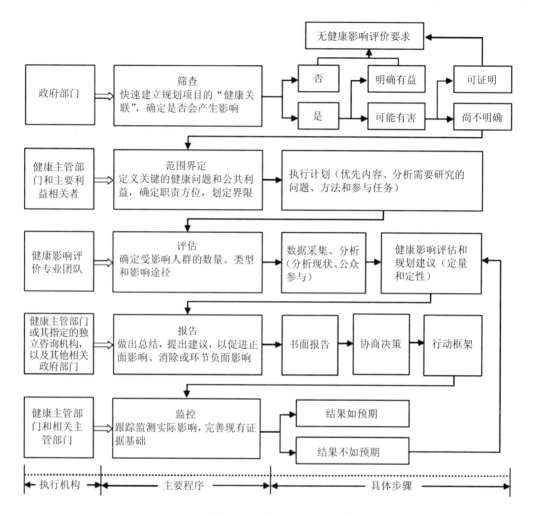

图 2-2 健康影响评价的运作程序和机制

来源：李潇，2014. 健康影响评价与城市规划.

三、健康影响评价实施的参与者

在实施健康影响评价的过程中，可在不同实施阶段引入相关人员参与，表 2-3 基于各国实践提出了对健康影响评价各阶段参与者的建议。

众多实践证明，政府层面的推动是实施健康影响评价的必要条件。在健康影响评价实施过程中，通过沟通和交流，动员决策者和利益相关者参与，更有助于在决策阶段充分考虑和运用健康影响评价评估结果。

表2-3 健康影响评价实施参与者的建议

健康影响评价阶段	公众 [a]	决策者 [b]	利益相关者 [b]	卫生部门专家 [c]	其他领域专家 [d]
筛选	◆	◆	◆	◆	
范围界定		◆	◆	◆	◆
评估		◆	◆	◆	◆
报告				◆	◆
监控				◆	

注：a. 考虑对不同人群的影响差异，尤其是弱势群体的参与。

b. 理想状态下的参与。

c. 了解健康决定因素和对健康的影响的专家。

d. 根据决策的性质，来自其他学科专业的专家。

四、健康影响评价实施的层次和方法

健康影响评价既可以作为一个快速的过程，也可以是一种更深层次的研究，取决于拟订决策所涉及的健康决定因素的广度、开展健康影响评价可用资源的多少以及时间因素等。

健康影响评价在筛选、范围界定、评估、报告、监测等各个环节会用到多种多样的技术方法。尽管目前各国已经研制出一些"工具箱"，但是并没有确定健康影响评价的方法论。表2-4、表2-5分别列出了健康影响评价常用的定量和定性评估方法以及常用的交流宣传形式，可根据健康影响评价实施的层次和可用资源进行选择。

表2-4 健康影响评价常用的评估方法参考

分类	具体评估方法
定性评估	专家观点
	关键知情人访谈
	专题小组访谈
	利益相关者研讨会
	公众听证会
	头脑风暴法
	德尔菲法
	情景评估
	风险评估等
现有资料的定量评估	系统的文献回顾
	现有人口统计和健康数据（如，人口普查、调查数据，监管项目和机构报告等）
	绘制人口统计、健康状况统计或环境测量结果分布图

分类	具体评估方法
调查测量	环境测量措施： （1）评估有害性物质，如空气、土壤和水里的有害物质/污染物；噪声；放射性或危险环境，如洪水、火灾、滑坡的伤害风险。 （2）评估公共健康资产和资源。如水体、土地、农场、森林和基础公共建设设施、学校和公园等
	实证研究，尤其是流行病学研究（调查、成本效益分析、测评）：描述健康决定因素和健康结局之间的关联；必要时，量化关联的强度

表 2-5　常用的交流和宣传形式

常用形式	具体方法
书面形式	全面的健康影响评价报告
	行动纲要
	情况说明书
	新闻报告
正式决策过程的形式	公共听证会的证词
	公众评论和回应的过程（在环境影响评估中，管理标准的设定过程、许可证的批准等）
	立法简报
其他的形式	专栏评论、给编辑写信
	与编辑委员会会面
	一些组织的内部通讯、邮件和宣传材料
	社区车间或委员会的讨论
	挨家挨户发放宣传材料
	流行杂志中的文章
	同类评论杂志的文章
	图表、形象的陈述
	广播、电视、采访
	网站、博客

另外，一些比较成熟的影响评估方法如风险评估、政策分析、场景分析、影响描述表、影响矩阵、影响因果模型等也常被用于健康影响评价，具体应用可参照相关专著。

第三节　健康影响评价实践

综观国外近 30 多年健康影响评价的实践，不难看出健康影响评价已成为一种多学科、跨部门的影响评价工具。以健康影响评价为导向的规划、项目意味着倡导健康优先，不仅要考虑环境、医疗卫生配置是否满足居民的基本健康需求，还要从功能布局、道路系统等方面，引导居民形成健康的生活方式，改善居民的健康状况，如新西兰马努考市城市规划与设计中的健康影响评价就是如此。以健康影响评价为导向的政策要达到强化政策对健康的正面影响、减弱或消除政策对健康的负面影响以及减少健康不公平的目的，如美国 2009 健康家庭法案健康影响评价。而基于公众参与模式的健康影响评价，能考虑到不同年龄、不同身体状况城乡居民的健康需求，减少健康不公平问题，同时体现了健康影响评价的民主性原则。

一、新西兰：广泛的政策层面健康影响评价

新西兰主要有两种类型的健康影响评价：政策层面健康影响评价和项目层面健康影响评价。项目层面的健康影响评价，许多国家都在应用。新西兰的项目层面健康影响评价通常包含在项目资源管理过程中，在《资源管理法案》框架下，遵循新西兰公共健康委员会（Public Health Commission）于 1995 年出版的项目层面健康影响评价指南《健康影响评价指南：对公共健康服务者、资源管理机构及申请机构的指导》。健康影响评价在政策制定中的应用，在国际上也是一个相对较新的领域，却有着很大的潜在影响力。在新西兰，政府对健康影响评价做出坚定承诺，将其作为新西兰健康策略的一个目标。支持健康影响评价的核心价值观是对怀唐伊条约的承诺。2004 年新西兰公共健康顾问委员会（Public Health Advisory Committee）制定出版针对政策层面的健康影响评价指南《健康影响评价指南：新西兰政策工具》，并于 2005 年修订。

针对政策层面的健康影响评价，该指南强调了以下几点：

（1）政策层面的健康影响评价中，优先考虑的是健康及其决定因素；而当将健康影响评价应用于环境管理时，健康仅仅是其中一个元素。

（2）与政策关联的健康影响评价基于以下认识，即人群健康状况在很大程度上取决于卫生部门之外的其他部门的决策，如社会和经济决策。

（3）政策层面健康影响评价的目的是辅助实现政策目标（譬如"以结果为导向"的政策制定），此类目标关注的是对人类健康影响的实际结果，而不是"政策产出"（例如，吸

烟率的降低是一种结果，而戒烟方案则是一种产出）。

（4）健康影响评价是一种前瞻性方法，可用于任何部门的政策制定。在理想状态，健康影响评价是一个持续性过程，起始于政策的提出，止于政策出台。

（5）必须认识的一点是：政策层面健康影响评价是在一个非常复杂的政治和行政管理环境中实施的。很多因素都会影响政策的制定和出台，其中政治因素是一个十分重要的方面。健康影响评价不会力图将健康和福祉方面的考虑凌驾于经济或环境等因素之上。相反，健康影响评价可以丰富政策制定过程，在必要时，为目标间的权衡提供更加宽泛的信息基础，并详细说明这些权衡的健康含义。健康影响评价有助于找到办法，实现以下目的：

①强化政策对健康的正面影响。

②减弱或消除政策对健康的负面影响。

③通过政策实行，减少健康不平等。

该指南为中央和地方部门（尤其是非卫生部门）政策制定者评估政策对人类健康的影响、卫生政策制定者评估卫生政策对健康不平等的潜在影响提供了理论依据和技术指导。同时也适用于社区、企业以及那些可能受到政策影响的部门或个人等使用。指南建议在经验丰富的公共健康专家指导下实施健康影响评价。鼓励政策制定者选择适用于其政策的健康影响评价，并对其负责。政策制定者可以选择自己来实施健康影响评价，也可以委托他人（如公共健康专家）来实施，还可以将这两种方法搭配使用。跨部门合作方法可以将政策制定机构的专门知识与公共健康知识和健康影响评价经验结合起来，从不同视角进行整合。

在该指南指导下，健康影响评价在中央和地方政府决策领域（如住房、就业、税务、交通、规划、社会政策或环境等）得到应用。

例如，通过对 20 世纪 90 年代引入的"政府出资建造的出租房市场化"的健康影响进行回顾性评估，突出了居住拥挤所导致的健康问题（如，与脑膜炎等传染性疾病的紧密关联）。事实上，如果在政策出台之前进行健康影响评价，以往制定的政策均可能面临着修订，如取消二手车进口关税、降低法定饮酒年龄、引入家务津贴工作测试、引入环境空气标准等。

《2002 年陆上交通管理法案》（*the Land Transport Management Act 2002*）要求各机构考虑其工作职能应如何能"保护和改善公众健康"。通过健康影响评价扩展了交通规划的考虑范围，使其不仅仅局限于考虑噪声、震动和汽车尾气排放等传统公共健康因素，而且还要关注社会支持、服务可及性和文化资源等更为宽泛的健康决定因素，从而为交通决策者提供了更多类别信息以进行决策的健康影响。

2008 年新西兰马努考市（Manukau）健康城市委员会利用健康影响评价评估了当时马努考市建筑和布局对主要利益相关者的健康影响，为实现城市化良性发展以及健康城市的建设提供了新思路。健康影响评价强调了马努考市中心建设规划要能在人们的日常生活中建立起一种更加积极的生活方式，要支持市中心功能的多样化，要为该区域人民创造更安全的体验。通过健康影响评价发现，马努考市中心区域的长远发展应确保家庭和残疾人群对服务的可及性，并提出八项改进措施。健康影响评价作为一个催化剂，为城市设计者和健康及社会相关部门之间的合作打下了基础。

二、美国：交通规划项目和家庭政策上的健康影响评价实践

美国的健康影响评价大约始于 1999 年，由旧金山公共健康部门和洛杉矶加尼福利亚大学联合，对增加最低生活工资政策进行的健康影响评价，之后，对健康影响评价在建筑环境（如城市规划、城市重建和交通项目等）以及非健康部门的政策制定中的运用展开了一系列的实践。

2002 年美国疾病预防控制中心开始对健康影响评价在建筑环境设计中的运用进行研究。之后，健康影响评价成为健康社区规划的最重要工具。2004 年之后，美国疾病预防控制中心对健康影响评价的研究扩展至健康影响评价预试验、实施健康影响评价的数据库、健康影响评价实施能力建设、健康影响评价自身影响的评价以及实施健康影响评价的资源等领域。

目前，美国大多健康影响评价实践没有特定的立法授权或规定要求。一般是由地方、州公共健康官员或部落公共健康部门、公共健康学术研究者、社区团体为促进健康而开展，另外评价还可能由相关学科如城市规划的专业人员进行。美国国家预防策略（the National Prevention Strategy）和健康美国 2020（Healthy People 2020）强调多部门合作促进人群健康的重要性，同时在健康影响项目和美国疾病预防控制中心的资助下，越来越多的地方和州健康部门、规划部门、大学和非政府组织积极开展健康影响评价的研究和实践。尽管有多个组织和部门开展或参与健康影响评价，但健康影响评价实践仍是零星的、分散的。其主要实践领域依然集中在建筑环境和交通领域，自然资源和能源、劳工和就业、食品和农业领域也有涉及。

加利福尼亚州（以下简称"加州"）是美国最早开展健康影响评价实践的一个州。2000年以来，在健康部门、"主动交通"利益相关方支持下，加州交通局一直在寻找将健康纳入其政策、项目和交通规划过程的方法，以帮助提供方便、实惠、健康、安全的交通方式（包括步行、自行车和公共交通）。其主要做法如下：

（1）寻求项目合作伙伴。①由交通局管理部门、外部利益相关者（公共健康部门、住房和社区发展部门）和倡导组织联合组建"主动交通"和活力社区（Active Transportation and Livable Communities，ATLC）小组，每季度召开一次会议，审查交通部门的政策和项目，

并提供"主动交通"具体化的措施。②交通局加入州"将健康融入所有政策"工作组，与公共健康部门建立合作伙伴关系，同时与其他 17 个州立机构、部门、办公室或工作组合作。公共健康部门通过"健康公平"办公室，为"将健康融入所有政策"工作组提供人力资源，2 个非营利性组织为工作组提供资金支持。

（2）参与了一系列促进健康的活动。2010 年，"将健康融入所有政策"工作组向州策略发展委员会（Strategic Growth Council，SGC）提交了一份报告，推荐了加州改善健康和可持续发展计划的政策、项目及活动。次年，其中 11 项建议被策略发展委员会作为近期实施的优先事项。"将健康融入所有政策"工作组为每一项优先事项制订了实施计划，确定了实施方法。其中交通部门参与了以下活动：①将几个赠款项目用于支持当地社区开展相关研究，如增加步行和骑自行车出行数量、交通发展与健康公平、交通和街道规划等。②为学校附近的基础设施项目和学校安全道路项目制定拨款标准，为年轻人践行"主动交通"提供技术援助。③通过"完善街道"政策来促进居民健康。

（3）将健康纳入交通规划之中。①与合作伙伴直接合作，管理和促进该州的区域交通规划过程；与健康工作组合作，确定实施计划，促进了伙伴关系。②跟踪联邦、州开展的与交通和公共健康相关的研究活动，资助有关健康影响评价工具的研究。③将"主动交通"工具（步行和骑自行车）作为主要考虑因素之一。交通部门将自行车和行人纳入当地交通规划中，建立完整的十字路口及行路指南。④在 2007 年的州交通规划中，对 2002 年加州步行和自行车骑行设计图（California Blueprint for Walking and Biking）进行了完善和扩展，并向年轻人宣传骑自行车和步行对健康和提升空气质量的好处，从环境与安全风险的角度强调健康。

加州交通部门通过在政策、项目和日常工作中整合与健康相关的规划，在促进健康方面取得了很大成效。跨部门工作组通过与健康有关的合作，建立了信任，促进了其他领域的合作。

针对美国 2009"健康家庭法案"的健康影响评价是对政策层面健康影响评价的探索。该法案提议：在雇佣员工超过 15 个人的公司，工人每工作 30 个小时应增加一个小时的带薪病假。该法案的健康影响评价按照筛选、范围界定、收集资料和分析评估、报告等流程执行，通过带薪病假减少病例数（预防性策略）与严重流感爆发预测病例数的比较，确定"尽管带薪病假可能要求工人承担因自身得病或照顾患病家人而带来的损失（包括收入减少和解雇风险），但其仍会减少疾病传播和随之带来的生产力的降低。"在健康影响评价评估前，带薪病假的公共健康价值没有被广泛地认识。健康影响评价通过媒体宣传、政策推广和听证会，实现了大家对此价值更多的关注，推动了带薪病假的立法进程。

三、泰国：健康影响评价与环境影响评价的结合

泰国在 2000 年实施国家卫生体制改革时首次引入健康影响评价。最初的目的是将其作为健康公共政策制定中的一个社会参与式学习过程。

1992 年泰国《国家环境质量法案》（*National Environmental Quality Act*，NEQ）强调了进行环境影响评价（Environmental Impact Assessment，EIA）的必要性。2007 年《国家卫生法案》（*the National Health Art*，NHA）和《泰国宪法》（*the Thai Constitution*）对健康影响评价的性质和目的进行了表述，2010 年泰国宪法对环境健康影响评价（Environmental Health Impact Assessment，EHIA）进行了定义，强调对人群健康的影响评估是环境影响评价的一项内容，并特别指出 11 种项目（活动）必须进行环境健康影响评价。

之后，泰国对环境健康影响评价的实践进行了探索，如对 Map Ta Phat 地区工业园区发展项目、钢厂的环境健康影响评价，对石油和天然气勘探项目的环境影响评价等。回顾案例发现：所有评估报告均有单独章节描述项目的健康影响；在评估过程中，注意收集与项目相关的健康基线数据，并遵循筛选、范围界定、评估、报告和建议、监测与评估的程序实施健康影响评价，尤其是建议部分包括了对保护或减缓措施以及监测措施的建议。同时也发现一些薄弱环节，如在基线评估中没有纳入脆弱人群（如儿童、老年人以及孕妇），健康影响评价是在建设和运营阶段才开始进行，甚至还有一例是在清理阶段才进行等。

根据泰国国家卫生法案，人们可以要求进行独立于环境影响评价的健康影响评价，如清莱府（Chiangrai）和乌汶叻差他尼府（Ubon Ratchatani）的生物发电厂，喃邦府（Lumpang）的煤矿和差春骚府（Chachoengsao）的火力发电厂的健康影响评价。东盟自由贸易和药品专利条约（ASEAN Free Trade and Medicine Patent Treaty）的签订同样进行了健康影响评价。

泰国实践表明，在环境影响评价中扩展对健康影响评价，比直接推行健康影响评价更容易。政府部门是健康影响评价的主要使用者，学术组织和社区是推动健康公共政策的基础。总体看来，泰国健康影响评价仍处于初期发展阶段，还需要在健康影响评价技术上进行探索和完善，需要所有相关组织及个人在健康影响评价定义、实施程序和局限性上达成共识，需要人们更好地理解环境影响评价和健康影响评价。

第四节　国外健康影响评价实践对实施健康中国战略的借鉴意义

建立全面健康影响评价评估制度是一项艰巨复杂的系统工程，从制度设计到技术方法体系都有较高要求，当前国内外尚没有成熟的经验可借鉴；同时由于背景和体制的差异，国外的实践经验也不能在国内完全照搬。然而，这些国际经验在现阶段对国内探讨健康影响评价方法和实施路径具有启示和借鉴意义。

（1）加强健康影响评价的立法工作。中国在城市规划体系中明确要求开展环境影响评价，也有《中华人民共和国环境保护法》《中华人民共和国水污染防治法》等较为成熟的系列政策法规作为依据。但对于开展独立的健康影响评价，在政策要求上还比较薄弱，有些仅仅作为环境影响评价的一部分内容。如作为城市规划编制和审批依据的《中华人民共和国城乡规划法》《城市规划编制办法》《中华人民共和国环境影响评价法》等相关法规中，都涉及对"健康"的表述，但多是强调城镇化健康、住房健康、城乡建设健康等，而非"公众健康"或者"人的健康"，这一点与发达国家强调健康的含义不同。健康影响评价要成为一项长期制度安排，要有法律依据，通过健康影响评价立法，使之成为公共政策和重大工程立项的前置条件，才能最大程度保证健康影响评价制度的有效性。

（2）加强健康影响评价的宣传倡导。健康影响评价制度在国内尚属新生事物，应通过各种途径加大对"将健康融入所有政策"策略及健康影响评价理念的宣传力度，通过健康影响评价的逐步推进，提高社会各界的健康意识和大健康理念，倡导和促使社会各部门在发展中关注健康，切实承担起对健康的责任，最大程度避免部门决策对人群健康造成危害。

（3）增强多部门合作理念，大力开展技术研究。健康影响评价涉及所有健康决定因素，关乎所有部门的政策领域，尽管在一些领域已有技术储备，但仍有很多薄弱和空白点，在全面建立健康影响评价制度过程中，确立健康影响评价工作机制和技术流程尤为关键。可遵循由简到繁、从突出重点到全面覆盖的原则，逐步开展健康影响评价评估技术研究，明确适合国情的健康影响评价政策范围和工作机制，规范决策者、政府各相关部门、公共卫生工作者、相关领域专家和受影响人群在健康影响评价中的权利、义务和责任，探讨和完善健康影响评价评估程序和技术工具，开发健康影响评价指标体系。

（李星明　钱玲　卢永）

第三章　国内健康影响评价探索

第一节　工作概况

一、理念引入

国际上从 20 世纪 90 年代起就提出健康影响评价（Health Impact Assessment，HIA）的理念和方法，但初期未引起中国政府和学界的足够关注。2013 年世界卫生组织（World Health Organization，WHO）在芬兰赫尔辛基召开第八届全球健康促进大会，大会以"将健康融入所有政策"（Health in All Policies，HiAP）为主题，发布了《赫尔辛基宣言：将健康融入所有政策》，倡导各国积极运用健康影响评价手段，有效应对健康的社会决定因素，将健康融入公共政策的制定和实施过程，更好地维护和保障人们的健康。第八届全球健康促进大会之后，国内的一些学者开始推介国际上提出的健康影响评价概念，中国健康教育中心于 2013 年编写了《第八届全球健康促进大会重要文献汇编》，首次较为系统地介绍了健康影响评价的概念、理论基础、实施要素和个别国家的实践情况。2014—2015 年，中国健康教育中心开展了健康影响评价策略研究，收集整理了世界卫生组织以及英国、北爱尔兰、丹麦、爱沙尼亚、斯洛文尼亚、澳大利亚、新西兰、美国、加拿大、巴西、泰国等国家健康影响评价的相关文献，梳理总结了国际上健康影响评价的运行机制、开展方式以及相关的技术指南。随后，中国健康教育中心结合国际经验和中国公共政策决策体制，提出公共政策健康审查机制。

二、公共政策健康审查工作

2016 年，原国家卫生计生委宣传司下发《健康促进县（区）"将健康融入所有政策"工作指导方案》，该方案提出了公共政策健康审查工作的具体要求，在全国第一批（2014—2016

年）和第二批（2015—2017 年）健康促进县（区）中进行了试点探索。

各试点县（区）积极尝试，在县（区）政府成立健康（促进）委员会，组建健康专家委员会，摸索建立公共政策健康审查制度的组织框架和运行机制，针对各部门公共政策开展健康审查的尝试，为进一步建立健康影响评价制度积累了宝贵经验。公共政策健康审查制度与国际上通行的健康影响评价相比，其理念和策略基本一致。然而公共政策健康审查制度的政策评价方式相对简单，健康专家委员会主要以定性讨论的方式提出政策修订建议；健康影响评价的政策分析步骤和过程则更为复杂，包含定性和定量分析方法，在技术及实施上的要求更高。从这个角度来看，国内前期试行的公共政策健康审查制度可视为健康影响评价制度的初级形式。

三、健康中国建设新要求

2016 年 8 月，中央召开全国卫生与健康大会，提出新时期卫生与健康工作方针，"将健康融入所有政策"被写入工作方针，大会同时做出健康中国战略部署。2016 年 10 月，中共中央国务院下发《"健康中国 2030"规划纲要》，提出健康中国建设的目标、路径和主要建设任务，并将"全面建立健康影响评价评估制度"作为健康中国建设的重要保障机制之一。《"健康中国 2030"规划纲要》发布后，原国家卫生计生委、部分地方卫生计生部门以及一些研究机构、高校都积极开展健康影响评价的研究工作。

四、健康影响评价的方法和路径研究

2017 年，原国家卫生计生委开展了年度重点调研课题——健康影响评价的方法和路径研究，由中国健康教育中心具体实施。研究进一步梳理了国外健康影响评价主要做法和国内健康影响评价工作基础，以县（区）政府为切入点，拟订了基层政府实施健康影响评价的路径和方法，并在北京、浙江、江西、湖北、广东、四川、陕西、宁夏等省（自治区、直辖市）部分县（区）进行了试点。根据试点结果，课题组初步总结出中国县（区）政府开展健康影响评价的政策范围、工作机制、实施步骤、技术流程以及相关的技术工具，随后将研究结果纳入全国健康促进县（区）建设工作的实施方案，开展更大范围的试点工作。目前这些试点工作正在进行当中。

五、地方探索

2017 年，浙江省杭州市、湖北省宜昌市、四川省成都市、广东省深圳市等也组织开展了相关的研究，其中湖北省宜昌市人民政府于 2018 年制定下发了《宜昌市公共政策健康影响评价实施方案（试行）》。2017—2018 年，中国工程院、安徽医科大学等研究机构也陆续开展"将健康融入所有政策"和健康影响评价方面的研究，健康影响评价日渐成为业界关注的焦点。

六、其他相关实践

尽管中国正式引入健康影响评价较晚，但在长期卫生健康工作中一直重视运用与健康影响评价相类似理念应对和解决健康问题，逐渐积累了一些具有中国特色的经验。

长期以来，针对一些突出健康问题，如针对爱国卫生运动、深化医药卫生体制改革、艾滋病防控、《烟草控制框架公约》履约、卫生应急等方面工作，中国在国家层面建立了部际领导协调机制，地方也在政府成立相关的领导小组或部门间协调机制。在这些协调机制中，政府明确了各相关部门应当承担的健康责任，并要求这些部门在出台政策时既要考虑本部门政策目标，也要考虑与健康有关的措施。例如，环境保护部门将保护人群健康作为环境保护的最终目的之一，并体现在政策制定工作中。教育部门的一些政策，如课程减负、学生通勤、校园建设等均考虑了学生健康问题。这类政策文件的出台，往往都要经过部门会商、部门会签和/或邀请健康方面专家进行研讨，虽非完整意义上的健康影响评价，但体现了健康影响评价的理念。

在长期工作中，国内卫生健康部门和发展改革、教育、体育、环保、农业、新闻出版和广电、宣传等许多部门建立了较好的协作关系，也有利于促使各个部门更好地履行健康责任。例如，在人感染 H7N9 禽流感防治工作中，卫生健康和农业等部门加强沟通会商，为了引导公众科学理性应对人感染 H7N9 禽流感，部门间就疫情命名问题进行深入分析研判，最终确定在法规和政策性文件中使用"人感染 H7N9 禽流感"，对外宣传使用"H7N9"简称，兼顾了疫情防控和产业发展，实现了共赢。需要提及注意的一点是，采取多部门协商的政策多以健康为主题，各部门的大多数公共政策尚未实现主动送交卫生健康部门会签。

此外，针对一些重大工程项目，国内会对健康影响进行预估。例如，在环境影响评价、重大工程项目卫生学评价、卫生应急和食品安全风险评估等工作中，根据需要对工程项目中可能涉及的特定健康问题进行预测性评价，这种评价大多聚焦于环境保护、传染病防控等领域，评价的健康危险因素通常已有明确的安全阈值标准。然而，这类评价工作远不能覆盖社会、经济、环境、个体行为等广泛的健康危险因素，依托其评价体系要实现"全面建立健康影响评价制度"远远不够，但其运行机制和工作流程等，可为健康影响评价提供借鉴。

第二节　国内外健康影响评价工作比较

各国在公共政策决策机制、主要健康问题及其影响因素、健康影响评价专业发展等方面不尽相同，其健康影响评价也没有统一的机制和路径。将国外健康影响评价实践与中国相关工作进行比较，可总结出以下特征。

一、国外健康影响评价整体上仍处于探索阶段

国外健康影响评价的开展方式主要存在两种情况：一是多数国家没有法律要求在政策制定时开展健康影响评价，开展评价是一种自主行为，如美国；二是有的国家在州省政府建立了健康影响评价制度，要求各项政策在制定草案之后、实施之前引入健康影响评价，如澳大利亚的南澳大利亚州和新南威尔士州。

尽管许多国家已经认识到健康影响评价对人群健康的重要意义，但将其上升为法律层面的制度安排，仍不是一件简单的事情。例如，丹麦曾于 2009 年试图将健康影响评价法制化，但最终提案没有获批。新加坡在健康影响评价实施过程中因来自非健康部门的阻力，推进较为缓慢。泰国也正在健康影响评价制度化的道路上进行探索，他们以往将健康影响评价定位于一种参与式学习过程，近年来试图在环境影响评价（Environmental Impact Assessment，EIA）中探索增加健康影响评价审批机制。个别地区（如澳大利亚的南澳大利亚州等）成功实现健康影响评价的制度化，其经验表明，一是要明确政府及各个部门的健康责任，形成共识是前提条件，二是要建立简便可行的评价流程，三是要有比较完善的技术方法体系。

总体来看，国际上健康影响评价仍处于探索阶段。国外众多学者始终强调健康影响评价在改善人们健康方面的重要作用，尤其是有助于落实政府和多个部门的健康责任。

二、中国健康影响评价起步较晚，但起点较高

与国外相比，中国对健康影响评价的关注是从近几年开始的。尽管前期业界和地方的探索很少，但该概念一经引进就获得了国家决策层面的关注。2016 年全国卫生与健康大会和同年发布的《"健康中国 2030"规划纲要》中明确提出要全面开展健康影响评价，要求"各级党委和政府要全面建立健康影响评价评估制度，系统评估各项经济社会发展规划和政策、重大工程项目对健康的影响"。大会的召开与《"健康中国 2030"规划纲要》的发布，

标志着健康影响评价制度得到了国家的认可，并在国家层面形成共识，该制度已被列为健康中国建设的重要内容和抓手，成为新时期卫生与健康工作坚持"大卫生、大健康"理念的具体体现。

多数国家是健康领域的研究在先，上升到制度化在后。中国是在引进国外健康影响评价理念和经验后，很快上升到国家政策层面，这种推进的决心和力度是许多国家很难做到的，也体现了中国举国体制的政治优势。

三、健康影响评价制度化在国内仍处于探索阶段

健康影响评价作为一项涉及政府及诸多部门的工作，国家尚未出台相关的法律和具体规定，许多政府和部门对健康影响评价工作本身还比较陌生，缺乏清晰可行的运行机制，与之相关的技术体系还亟待建立和完善。距离全面建立健康影响评价制度，中国还有较长一段路要走。

总体看来，健康影响评价制度化在国内仍处于探索阶段。国内前期的健康影响评价工作主要是以研究为主，借鉴国际经验，构建适合中国国情的健康影响评价实施路径；依托健康促进县（区）开展试点，在不断完善运行机制的同时，逐渐总结具体可行的技术工具。在前期试点工作中，许多县（区）提出，健康影响评价制度需要建立在法制化基础上，希望国家尽快出台相关法律。目前正在研究制定的《基本医疗卫生与健康促进法（草稿）》中已有健康影响评价的相关条款。该法最终的出台将会大大推动中国健康影响评价制度化的进程。

第三节　健康促进县（区）公共政策健康审查工作

2016—2017年，原国家卫生计生委在第一批和第二批国家健康促进县（区）中探索实施公共政策健康审查工作，这是国内第一次较大范围的健康影响评价试点工作。

一、工作背景

全国健康促进县（区）建设由原国家卫生计生委宣传司牵头，中国健康教育中心负责技术支持。中国健康教育中心在前期研究的基础上，起草了《健康促进县（区）"将健康融入所有政策"工作指导方案》，2016年1月由原国家卫生计生委宣传司正式印发。依据该方案，健康促进县（区）"将健康融入所有政策"工作主要包含4个方面：宣传普及将

健康融入所有政策理念、建立将健康融入所有政策工作机制、形成公共政策健康审查制度、开展跨部门健康行动。其中宣传普及理念是为了使政府各个部门就各自的健康责任形成共识，建立工作机制是落实"将健康融入所有政策"的组织基础，形成公共政策健康审查制度是关键环节，开展跨部门健康行动是要求在公共政策制订工作中要优先解决当地突出的健康问题。作为"将健康融入所有政策"工作的最关键环节，公共政策健康审查制度的建立要以形成共识和建立机制为基础，同时也要优先解决突出健康问题，进而覆盖所有公共政策领域；制度的建立往往也需要一个由简到繁、由易到难、由重点到全面的过程。

二、主要做法

（一）宣传普及"将健康融入所有政策"理念

健康促进县（区）卫生计生部门主动向各级党政领导和部门负责人宣讲"将健康融入所有政策"的概念和意义，使其认识到人群健康受社会、经济、环境、个人特征和行为等多重因素影响，各部门制定的公共政策会对人群健康产生深刻的影响，促使县（区）各级党委和政府积极自愿地运用"将健康融入所有政策"策略应对健康问题。在首批64个县（区）中，合计召开160次针对党政领导和部门负责人专题讲座或培训班，平均每个县（区）举办2.5次；第二批64个县（区）合计召开339次专题讲座或培训班，平均每个县（区）举办5.3次；一些地方将宣讲课程纳入了当地党委中心组学习或党校课程。这些宣传普及工作，为后续的"将健康融入所有政策"及公共政策健康审查工作奠定了思想认识的基础。

（二）建立"将健康融入所有政策"工作机制

各健康促进县（区）建立起"党委领导、政府负责、多部门协作"的"将健康融入所有政策"工作机制，明确健康促进县（区）党委和政府是责任主体，各部门及乡镇（街道）是执行主体。各县（区）统筹现有与健康相关的协调机制，成立县（区）健康（促进）委员会，委员会负责人由县（区）党政领导担任，成员包括各部门和乡镇（街道）负责人。委员会下设办公室，实行定期联席会议制度，共同审议和推动健康公共政策。每个县（区）成立健康专家委员会，负责为公共政策健康审查等工作提供技术支持。在两年的建设周期内，首批64个县（区）累计召开领导小组协调会议353次，平均每个县（区）5.5次；第二批县（区）累计召开328次领导小组协调会议，每个县（区）平均召开5.1次。各地采取政府发文、与有关部门签署责任书（任务书、承诺书）等形式，明确各部门职责、任务分工，制定时间表、路线图。

（三）形成公共政策健康审查制度

县（区）各部门和乡镇（街道）在行使部门职权时，将健康作为各项决策需要考虑的因素之一，在健康专家委员会的协助下，梳理本部门现有的与健康相关的公共政策，分析有无进一步完善的必要性和可能性，通过补充或修订相关政策措施，使得政策更有利于人群健康。在所有新政策制定过程中增加健康审查，即在政策的提出、起草、修订、发布等各个环节中，征求并采纳健康专家委员会和相关部门的意见和建议。同时县（区）各部门和乡镇（街道）定期向委员会办公室汇报公共政策健康审查工作情况，包括开展健康审查的政策数量、审查次数以及相关政策的制定和修订情况等。首批县（区）两年中总计梳理出 2 683 条与健康有关的公共政策，其中有 1 013 条在试点期间进行了补充和修订。第二批县（区）两年中梳理出 3 293 条与健康有关的公共政策，在新政策制定时增加健康审查程序，听取健康专家委员会意见和建议，累计开展 716 次公共政策健康审查，平均每个县（区）11.2 次。

（四）开展跨部门健康行动

各健康促进县（区）针对当地优先健康问题开展跨部门健康行动，出台多部门健康公共政策。健康促进委员会办公室负责牵头确定未来一段时间内需要优先应对的健康问题，提出可行的应对措施及可能涉及的部门清单，召集联席会议，商定参与跨部门健康行动的部门，并为每个部门设定公共政策开发目标。健康专家委员会和卫生计生部门负责为跨部门健康行动提供技术支持。相关部门明确政策开发目标后，根据当地实际选择适宜的政策开发形式，对现有政策进行修订或启动新的政策制订计划，并在政策拟订过程中执行健康审查制度。首批和第二批健康促进县（区）主要针对慢性病防控、传染病防控、健康生活方式、妇幼健康、健康老龄、环境与健康等重点健康问题开展了跨部门健康行动，其中首批县（区）合计开展 1 010 次政府或多部门联合的健康行动，第二批合计开展 902 次。

三、各部门政策开发重点领域

健康促进县（区）公共政策健康审查制度探索工作的一个非常重要的产出，是结合县（区）政府各部门职责，针对主要健康问题及其影响因素，提出县（区）政府各部门政策开发的重点领域，使得"将健康融入所有政策"工作尤其是公共政策健康审查工作有较为具体的内容和路径可遵循。表 3-1 县（区）政府各部门政策开发重点领域可以帮助各部门清楚应该重点考虑什么？做什么？从而使相对比较抽象的公共政策健康审查工作变得更为明确和具体，在各县（区）政府及各部门得到普遍运用。

表 3-1 县（区）政府各部门政策开发重点领域

部门	政策开发重点领域	对应的健康因素
发展改革部门	加大对健康领域的规划和投资。将健康促进与教育纳入经济和社会发展规划，加强健康促进与教育基础设施建设和目标考核管理	健康资源
教育部门	提高学生健康素养和身心素质，改善学校卫生环境，预防控制疾病，开展健康促进学校建设	健康素养、健康环境、疾病防控
科技部门	加强健康领域科技投入	科研技术
工业和信息化部门	加强工业节能降耗，促进健康产业发展	健康资源、健康环境
公安部门	维护社会治安，减少犯罪，加强交通安全，加强消防安全	社会环境、意外伤害
民政部门	提高社会救助水平，加强医疗救助，加强社区健康和养老服务建设，支持健康领域社会组织发展	社会救助、社区服务
司法部门	提高司法援助水平，更好地解决刑满释放和解除劳教人员的社会安置帮教，保障在押服刑人员健康	社会环境、疾病防控
财政部门	提高对健康领域的经费支持。要将健康促进与教育经费纳入预算，健康教育专业机构和健康促进工作网络的人员经费、发展建设和业务经费由政府预算全额保障	健康资源
人力资源和社会保障部门	提高医疗、工伤、生育、养老等保险水平；加强劳动保护；将健康列为新入职干部培训的内容；优化卫生计生人员配置，改善卫生计生人员待遇	社会保障、健康资源
国土资源部门	科学规划土地利用和开发，加强耕地保护、地质环境保护和地质灾害防治	健康环境、健康资源
生态环境部门	预防、控制环境污染，严格环境影响评价，指导城乡环境综合整治，指导和协调解决跨地域、跨部门以及跨领域的重大环境问题	生态环境、生存环境
住房和城乡建设部门	加强城乡卫生规划，加强保障性住房供给，加强市容和村庄环境治理，加强园林绿化和健康步道建设，加强城乡供水建设和管理、排水及污水处理	住房条件、居住环境、生活环境
规划部门	在城乡规划中科学规划公共卫生、医疗、体育健身、公共交通等功能区域	健康环境、健康资源
交通运输部门	发展公共交通；交通工具及机场、车站、港口等的卫生环境建设和无烟环境建设；保障交通安全；道路设计和施工中加强环境、健康保护	健康环境、生活方式与行为
水利部门	加强水资源保护，保障饮水安全，预防控制涉水性地方病、寄生虫病	饮水供给、饮水安全、健康环境
农业部门	提高农产品产量和质量，发展绿色有机农产品，推广有机肥和化肥结合使用，加强农药监督管理，加强农村人、畜、禽粪便和养殖业的废弃物及其他农业废弃物综合利用	食品供给、食品安全、生态环境、疾病防控

部门	政策开发重点领域	对应的健康因素
商务部门	在贸易发展和流通、产业结构调整、促进城乡市场发展中加强有关标准体系建设，体现卫生、环保等方面的要求，配合加强各类商品现货市场及商贸服务场所卫生工作	健康环境
文广新部门	加大健康政策和知识宣传力度，加强支持和监管健康类节目、栏目，确保健康公益广告的投放时长，倡导建立健康文化氛围	健康素养、健康文化
卫生计生部门	加强健康促进与健康教育，深化医药卫生体制改革，加强对其他部门健康公共政策制订的技术支持	健康促进、健康素养、医疗卫生服务
审计部门	加强对医疗保障基金、健康类财政资金的审计	健康资源
国资部门	在国有企业中开展健康促进企业建设	健康环境
市场监管部门（工商、质监、食药）	加强食品安全监管，防范区域性、系统性食品安全事故；开展食品药品安全宣传和从业人员健康知识培训；加强对健康相关产品和服务的监管；加强健康类知识产权保护	食品安全、健康环境、健康资源
体育部门	加强公共体育场地设施建设，推动全民体育健身活动，开展运动健身知识科普活动，加强科学健身指导服务	健康环境、生活方式与行为
安监部门	提高安全生产水平，加强职业卫生防护和管理，开展健康促进企业建设活动	健康环境、意外伤害、疾病防控
统计部门	加强"将健康融入所有政策"相关指标的研究制定、收集和发布	健康政策和信息
林业部门	加强植树造林，加强自然保护区建设管理	生态环境
畜牧部门	提高畜禽产品产量和质量，加强人畜共患病防控	食品供给、食品安全、疾病防控
旅游部门	加强旅游景点卫生环境治理，保障旅游安全和旅游紧急援助	健康环境、意外伤害
宗教部门	向宗教人士和信教群众传播健康理念和知识	宗教文化
粮食部门	确保粮食安全和应急供应	食品供给、食品安全
宣传部门	把健康文化作为社会主义精神文明建设的重要内容和提高中华民族文明素质的重要手段，纳入创建文明城市、文明村镇活动规划，动员全社会广泛参与	健康环境、健康文化
编制管理部门	加大对健康促进与教育工作的倾斜力度，确保健康教育专业机构的人员编制数量满足工作需求	健康资源
工会、团委、妇联等部门	动员广大职工、青年、学生和妇女，积极组织和参与所在地区和单位健康促进及健康场所创建活动	健康环境、健康素养

第四节　健康促进县（区）健康影响评价方法和路径研究

2017 年，中国健康教育中心结合原国家卫生计生委重点调研课题"健康影响评价的方法和路径研究"与中心项目——开发健康促进县（区）健康影响评价实施路径，采用文献检索、现场调研、专家研讨和预试验的方法，通过了解国际健康影响评价实践和国内健康影响评价工作基础，以健康促进县（区）为切入点，对符合中国国情的由基层政府实施的健康影响评价的路径和方法进行了探索，初步总结出中国县（区）政府开展健康影响评价的政策范围、工作机制、实施步骤、技术流程以及相关的技术工具。

一、健康影响评价范围

（一）各项经济社会发展规划

如政府规划、部门事业发展规划、工作规划等，包括长期计划（十至二十年）、中期计划（一般为五年）、年度计划。优先考虑县（区）党委政府或部门拟订的经济社会发展规划、事业发展规划和专项工作规划。

（二）各项经济社会发展政策

主要是指惠及广大人群的公共政策。优先考虑县（区）党委政府和部门拟订的涉及面广、覆盖人群较多、有效时间较长、影响较大的公共政策。县（区）直接转发的上级政策、各个部门单位内部的管理制度等可不列入评价范围。

（三）重大工程和项目

优先考虑国家和地方经济社会发展规划中列入的重大工程和项目。

二、健康影响评价工作机制

县（区）要采取"党委领导、政府负责、多部门参与"的工作模式，建立健康影响评价制度。

（1）健康促进县（区）党委和政府是健康影响评价实施的责任主体。各部门及乡镇（街道）是健康影响评价的执行者。卫生计生部门作为健康影响评价工作的技术支持者。

（2）建立领导协调机制。统筹现有与健康相关的协调机制，成立县（区）健康促进委员会（以下简称"委员会"）。委员会负责人应由县（区）党政主要负责人担任，成员应包括县（区）人大、政协、各部门和乡镇（街道）的负责人。实行定期联席会议制度，共同审议和推动健康影响评价工作。委员会常设办公室，推荐设在县（区）党委办公室或政府办公室。常设办公室以委员会的名义召开联席会议，并对健康影响评价工作进行协调组织、实施和管理。

（3）建立健康影响评价工作网络。各部门中的政策制定相关机构负责完成本部门健康影响评价工作，指定1名具体人员，负责与办公室对接，并进行本部门健康影响评价工作的协调和管理。

（4）县（区）成立健康影响评价专家委员会。专家委员会在常设办公室的统一调配下，负责为本地健康影响评价工作提供技术支持。县（区）根据本地实际情况推荐遴选专家，成立健康影响评价专家委员会。专家委员会总人数以20~30人为宜，专家来源包括各个部门所涉及业务的技术领域专家，其中卫生领域专家应涵盖卫生管理、公共卫生、临床、康复等，人数占到委员会的25%~35%。专家委员会成员中本地成员和外地成员的构成比例约为3：1。专家委员会名单由本级党委或政府正式行文公布。县（区）党委和政府可根据当地实际情况，与相关专业机构建立健康影响评价合作机制，选择有关科研院所、国家（省、市）级卫生计生机构和健康教育专业机构、专业技术团队或符合资质的民营评价机构作为健康影响评价的技术支撑单位。

三、健康影响评价工作实施步骤

县（区）层面健康影响评价包含拟订政策/项目提交备案、组织实施评估、评估结果备案、提交决策参考和监测评估5个实施步骤。需要由县（区）人民代表大会通过或县（区）党委政府行文发布的政策由委员会常设办公室组织实施健康影响评价，常设办公室可以授权政策拟定部门代为执行。各部门内部制定的、不需由县（区）人大通过或县（区）党委政府行文发布的政策由各部门组织实施。重大工程和项目，按照现有相关法律规定必须执行的影响评价（如环境影响评价、社会影响评价、卫生学评价等），由负责该类影响评价的部门按照相关规定和既定评价路径继续执行。

（1）拟定政策提交备案：根据健康影响评价的政策范围限定，各部门就拟订政策的意向及内容提交常设办公室备案。由各部门的指定人员负责。

（2）组织实施评估：由评估实施主体部门（常设办公室、政策拟订部门或重大工程项目影响评价负责部门）按照相关技术流程协调组织实施。由健康影响评价专家委员会和卫生计生部门提供技术支持。

（3）评估结果备案：所有拟定政策的健康影响评估报告均须提交至常设办公室进行备

案。由各部门的指定人员负责。

（4）提交决策参考：需要由县（区）人大通过或县（区）党委政府行文发布的政策，由常设办公室提交至健康（促进）委员会、政策制定部门及上级管理机构，供最终决策时使用。部门内部制定、不需县（区）人大通过或县（区）党委政府行文发布的政策，由政策制定部门自行参考评估结果，在做最终决策时使用。

（5）监测评估：拟订政策在发布实施过程中，须进行监测评估，一是评估政策执行情况，进行一致性评价；二是监测人群健康及其决定因素的长期发展趋势，评估政策对人群健康的潜在影响。委员会常设办公室领导监测工作，由健康影响评价专家委员会和卫生计生部门提供技术支持。

四、健康影响评价技术流程

健康影响评价实施主体部门根据拟订政策的性质采用"（2+X）模式"，即从健康影响评价专家委员会中，选择相关专家，组成专家工作组。其中"2"为卫生领域专家和法律法规领域专家，"X"为根据拟订政策的领域，所选择的其他学科专业的专家。专家工作组人员数为奇数，具体人数根据实际情况而定。在必要的情况下，选择可能受政策影响的人群代表参加阶段性的讨论。

专家工作组按照筛选、范围界定、实施评价、报告和建议4项技术流程开展健康影响评价工作，见图3-1。

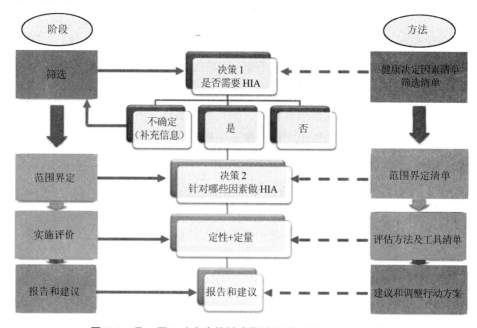

图3-1　县（区）政府实施健康影响评价（HIA）技术流程

第一步：筛选。根据健康决定因素清单（见表 3-2）和筛选清单（见表 3-3），快速判定拟订政策影响人群健康的可能性（包括本质和可能范围），决定是否有必要实施健康影响评价。

对于没有必要实施健康影响评价的政策，在备案后，按照政策制定既定流程继续。

对于有必要实施健康影响评价的政策，则进入第二步——范围界定。

第二步：范围界定。根据范围界定清单（见表 3-4、表 3-5），从拟订政策的紧迫性、影响、利益以及可用资源等方面确定评估工具的等级，界定健康影响评价需要优先考虑的问题，并选择相应的评估方法（见表 2-4）。

第三步：实施评估。根据范围界定所选择的评估方法，收集信息，实施评估。

第四步：报告和建议。专家工作组根据评估结果，撰写并提交健康影响评价报告，主要内容见表 3-6。对拟订政策的健康影响评价结果，有通过和未通过两种情况：前者为未发现潜在健康危害，目前无政策修改建议；后者为发现潜在健康危害，需要进行政策改进，并提出相应建议。

在提出健康影响评价政策建议时，需要从以下几个方面考虑：

（1）拟订政策如果实施，最可能的获益者是谁？覆盖多大范围的人群？从哪些方面获益？获益程度有多大？

（2）拟订政策如果实施，受到潜在损害的是谁？覆盖多大范围的人群？可能在哪些方面受到损失？损失的程度有多严重？

（3）政策制定者可采取哪些措施来减少或减轻拟订政策对健康以及健康公平的负面影响？（如加强监测、制定预案等）

（4）从哪些方面来改变拟订政策或做法，加强正面影响或减少不同人群间的健康不公平？

五、健康影响评价参考技术工具

（一）健康决定因素清单（示例）

对于被提议的政策变动，健康影响评价专家工作组成员和可能受政策影响的人群代表一起，对照表 3-2 确定该政策可能会涉及的领域（第 1 列），确定在所涉及的领域里又会对哪些健康决定因素（第 2 列）产生影响，勾选出那些可能受到政策影响的因素（第 3 列）。

表 3-2　健康决定因素清单（示例）

政策所涉及领域	该领域包含的健康决定因素	勾选出被提议的政策变动可能影响的健康决定因素
环境质量	空气质量	
	土壤污染	
	噪声	
	疾病媒介	
	自然空间和生活环境	
	洪水、野外火灾和滑坡灾害	
	交通危险性	
	食物资源及其安全性	
	水资源及其安全性	
行为危险因素	饮食	
	体育活动/静坐生活方式	
	吸烟	
	饮酒	
	毒品及药物滥用	
	休闲娱乐活动	
	生活技能	
公共服务的可及性和质量	教育	
	卫生保健服务	
	残疾人服务	
	社会福利服务	
	幼儿托管服务	
	食品零售资源	
	交通运输	
	公园和娱乐休闲中心	
	垃圾处理系统	
	治安/安全保障和应急响应	
家庭和社区	相互支持/隔离	
	家庭结构和家庭关系	
	志愿团体的参与	
	信仰、文化和传统	
	犯罪和暴力	
就业及生计	就业和工作保障	
	收入和福利	
	职业危害因素	
	奖励与管理	
住房	住房供给、价格以及可及性	
	房屋大小和拥挤程度	
	住房安全	
	周边基础设施和宜居性	
	居住隔离	

注：①健康决定因素可以直接或间接对健康和福祉造成影响。
②本表给出公共政策所涉及的主要领域以及主要健康决定因素的示例。在实际运用中，可以从此表出发，确认切合自己实际的、适用于拟订政策的相关决定因素清单。
③建议采用：头脑风暴法或研讨法。
④保留过程记录以及因素选定等资料。

（二）筛选清单——是否有必要进行健康影响评价

见表 3-3。健康影响评价专家工作组和可能受政策影响的人群代表一起，针对每一个问题，从"是""不知道""否"中选出一个（第 2 列），并判断回答的确定性程度：高、中、低（第 3 列）。通过对所有问题的综合考虑，讨论决定是否有必要进行健康影响评价（如果较难形成共识，可通过投票决定）。

表 3-3　筛选清单——是否有必要进行健康影响评价

问题	回答			对该回答的确定性程度		
	是	不知道	否	高	中	低
1. 被提议的政策变动（包括拟定政策或政策修订）是否有可能产生正面健康影响？（参照附表二-1-1，考虑是否对社会经济/环境/生活方式等健康决定因素有影响）						
2. 被提议的政策变动，是否有可能产生负面的健康影响？						
3. 潜在的负面健康影响是否会波及很多人？（包括目前、将来以及影响后代）						
4. 潜在负面健康影响是否会造成死亡、伤残或入院风险？						
5. 对于弱势群体**而言，潜在的负面健康影响是否会对其造成更为严重的后果？						
6. 对于被提议的政策变动所产生的潜在健康影响，公众或社会是否关注？						
7. 对潜在健康影响的估计是否比较难？（或者对潜在健康影响的估计结果是否确实可靠？）						
8. 根据健康影响评价结果，对被提议的政策变动进行调整是否可行？						

注：①**处的弱势群体，这里是指对社会资源的占有程度较低的人群，包括残疾人群、流动人口、贫困人口等。
②确定是否有必要进行健康影响评价的原则：根据对每个问题的回答，来确定是否有必要进行健康影响评价。如果大部分的回答是"是"或者"不知道"，则需要考虑进行健康影响评价。
原则上：被提议的政策变动可能产生负面的健康影响、影响面比较大且严重、公众和社会关注度高、对被提议的政策变动进行调整的可行性高，则倾向于进行健康影响评价；对于那些负面健康影响不大，但公众和社会关注度高者，建议做健康影响评价；其他情况由参与筛选成员讨论确定。
③建议采用：头脑风暴法或研讨法。
④保留过程记录以及筛选决定等资料。

（三）范围界定清单——选择适宜的健康影响评价工具等级

健康影响评价专家工作组成员和可能受政策影响的人群代表一起，回答表3-4中的问题并简单陈述理由；根据对评价工具等级的指导，勾选出对工具综合性程度的选择；最终通过讨论确定评价工具的综合性等级（如果较难形成共识，可通过投票决定）。

表3-4　范围界定清单——选择适宜的健康影响评价工具等级

问题	回答/理由	选择适宜评估工具等级的指导	评估工具的综合性程度判断 高	低
1. 被提议的政策变动（包括拟定政策或政策修订），变更幅度大不大？		变更幅度越大，工具的综合性应该越高		
2. 政策变动是否对健康产生有重大的潜在影响？		潜在健康影响越重大（影响面大、后果严重、难以消除），对健康影响的结果越难以估计，工具的综合性应该越高		
3. 进行政策变动的需求是不是很急迫？		如果紧迫性相对较高，则可以选择综合性较低的工具		
4. 政策变动是否与同时期其他政策的制定存在相关性？		如果与同时期其他政策的制定关联密切，且时间表安排紧张，则可以选择综合性较低的工具		
5. 政策变动带来的经济、社会发展利益水平是否高？		经济社会发展利益水平越高，工具的综合性应该越高		
6. 政策变动给公众带来的利益水平是否高？		给公众带来的利益水平越高，工具的综合性应该越高		
7. 政策变动是否存在有利时机（如社会环境支持等）？		考虑是否存在政策变动的有利时机。如果该时机即将错过，可以选择综合性较低的工具		
8. 健康影响评价是否有足够的人力和技术资源支持？		资源水平越高，工具的综合性应该越高		
9. 健康影响评价是否有足够的资金支持？		资金支持水平越高，工具的综合性应该越高		

（四）范围界定清单——选择优先考虑的因素（参考）

针对被提议的政策变动所可能影响的健康决定因素（见表3-2），健康影响评价专家工作组对照表3-5中参考事项进行思考并简单陈述理由（每一个因素回答一份）；最后综合各项因素，通过讨论确定健康影响评价需要优先考虑的因素。

表 3-5　范围界定清单——选择优先考虑的因素（参考）

参考事项		选择优先考虑的指导	优先考虑的程度判断/理由	
			高	低
因素的重要性	影响覆盖面	该因素影响覆盖面越大，越应该优先考虑		
	健康后果严重性	该因素影响健康的后果越严重，越应该优先考虑		
	健康影响的消除	健康影响在短期不易消除，要优先考虑		
	公众的需求/关注度	公众对因素以及政策建议的关注度高，则予以优先考虑		
因素的敏感性	因素与健康的关联程度（直接或间接）	该因素与健康有直接关联，则应该予以优先考虑		
技术可操作性	现有资源和人员、技术上的满足	与该因素研究的现有资源和人员、技术上满足需要的程度越高，则越可优先考虑		
	资料的可获得性	与该因素相关的资料可获得性高，则可优先予以考虑		

注：对于优先考虑因素的确定，还可以通过小范围的定性或定量调查来确定。

（五）健康影响评价报告基本框架（参考）

一份健康影响评价报告必须包括的内容见表 3-6。一般来说，综合性程度越高的健康影响评价要求的报告越详细。

表 3-6　健康影响评价报告至少需要包括的内容

1	健康影响评价的背景和目的
2	健康影响评价的过程（按照健康影响评价工作实施步骤和技术流程进行描述）
3	健康影响评价涉及的人员、组织和资源
4	对健康影响评价过程中的合作和参与程度的评估
5	对该政策健康影响的预估
6	健康影响评价的结论
7	提出最大程度加强正面影响和减弱负面影响至最小化的建议

（卢永　钱玲）

第四章　国外健康影响评价实践案例

【案例一】新西兰马努考市城市规划与设计中的健康影响评价

【案例点评】

　　本案例为健康影响评价在城市建设项目中的应用。随着城市化进程的范围扩大，城市的设计、布局和建设环境对于居民健康的影响越来越凸显，不良的城建环境将带来空气污染、居民交通出行及日常活动等方面的问题。

　　本案例中，新西兰马努考市（Manukau，New Zealand）健康城市委员会利用健康影响评价评估了当时马努考市建筑和布局对主要利益相关者的健康影响，为实现城市化良性发展以及健康城市的建设提供了新思路。"综合城市的发展前景，以便利的服务、快捷的交通、安全的环境及城市的健康发展等来确定健康影响评价重点问题"是本案例的突出特点。

　　目前，中国城镇化进程和城市建设中也面临着不良城建布局、城建环境对人群健康产生负面影响等问题。本案例为城市规划及建设时如何解决这些问题提供了借鉴。对城市设计、布局和建成环境等进行健康影响评价，有利于人群健康和实现城市可持续性发展。

一、案例背景

　　在新西兰，近十年来，人们越来越关注城市格局与人民健康和福祉的联系。无论是在科学研究中，还是在政策和社区方面，人们都关注城市设计会如何促进或损害人类健康。

　　城市的设计和布局方式将改变人们选择的生活方式。它会影响人们选择的居住地、他们上班、上学的方式以及他们的活跃程度，会影响空气和水的质量，以及人们对商店或对其他设施的选择和使用。越来越多的证据表明，通过城市设计可以改善社区健康。在改善社区健康方面，城市设计议程和公共卫生战略之间有许多共同点。

新西兰公共卫生咨询委员会表示："我们规划城市及城镇的方式会影响新西兰人的健康。当前的城市设计与卫生问题存在很密切的联系，给我们的社区和卫生服务造成很大的负担。在城市中，人们步行越来越少，道路事故越来越多，城市空气污染也增加了患呼吸系统疾病的概率。通过城市和城镇的设计，可以改善新西兰人的健康状况，降低卫生服务成本。"

《马努考市建筑形式及空间结构规划》（*the Manukau Built Form and Spatial Structure Plan*，BF&SSP，以下简称《建筑及空间规划》）作为一项指导马努考市中心区未来 50 年发展的规划，旨在激发中心区独特的城市文化和社会形态，同时将马努考市中心区定义为更大城市网络的独特集成模块。作为《建筑及空间规划》实施内容之一，马努考市议会委托马努考健康城市委员会从 2008 年开始对《建筑及空间规划》进行健康影响评价（Health Impact Assessment，HIA），以确定该规划可能产生的潜在健康影响。

二、四个主要步骤

对《建筑及空间规划》的健康影响评价邀请了各方利益相关者参与，包括残疾人服务提供者、健康促进者、城市设计和规划者、交通规划者、社区发展专家、研究人员、毛利人组织代表和健康服务提供者。

按照《新西兰健康影响评价指南》建议，健康影响评价从筛选、范围界定、评估和报告四个方面进行：

（1）筛选：初步选择的过程，以评估该规划是否适合且需要进行健康影响评价。

（2）界定范围：确定健康影响评价需要重点考虑的问题。

在界定范围阶段，利益相关者一致同意健康影响评价的侧重点为：

1）服务的可及性——能使居民和游客更多地享受到健康的生活服务、便民设施和设备；

2）交通出行的便捷性——能提高马努考市中心的交通水平（包括步行、自行车等非机动车形式的交通以及长途旅行使用的公共交通），同时增加道路的通畅性，尤其应关注为低收入水平人群、老年人群和残障人群提供更便捷的交通；

3）安全性——能确保居民和游客在市中心区享有最佳的安全环境；

4）朝气蓬勃的氛围——能增强马努考市的社会、文化和环境特性，进而创建一个健康城市。

（3）评估：使用评估工具确定该规划对健康潜在影响以及这些影响的意义，对政策的改进提出可行性建议。

健康影响评价的评估阶段由主要的利益相关者、毛利人和小学生共同参与进行。对城市环境与健康关系的文献分析、对马努考地区及其居民情况的充分了解，为广泛的参与提供了支撑。

（4）报告：回顾并对健康影响评价实施全过程进行评价，对决策者在多大程度上采纳健康影响评价建议进行预估。

三、主要发现

健康影响评价极大支持了《建筑及空间规划》提出的改变城市中心区环境的规划，并将其视为改变人们对马努考市中心区利用方式的一次重要机遇。

健康影响评价强调了规划市中心建设的重要性，要求要在人们的日常生活中建立起一种更加积极的生活方式，要支持市中心功能的多样化，要为该区域人民创造更安全的体验。要使市中心在将来的几年内成为一个有吸引力的居住地，这一点应在规划中重点体现。

健康影响评价的关键结论是，指出了马努考市中心区域的长远发展应着重于确保服务对家庭和残疾人群的可及性，并提出了以下八项措施：

（1）行人优先，将停车区域分隔开。

（2）使从城市一端到另一端的无危险或无障碍地穿行更容易。

（3）修建相互连通的人行道。

（4）减少道路环岛以及车辆"随意"左转的路口数量。

（5）规划"点对点"的基础公共交通设施。

（6）在高需求时段和低需求时段以外，提供交通服务。

（7）为所有年龄段的孩子提供活动空间，让他们能够安全地穿过市中心区，步行到公园和学校。

（8）促进公共空间的灵活使用。

通过实施以上措施，将有助于创造一种环境，能为所有人群提供便利可及的服务并促进人群健康。要达到这一要求，需要有一系列可灵活选择的通向市中心区的交通方式（如步行、骑自行车和公共交通），需要有良好的互联互通的交通设施贯通城市中心区。

四、结果运用——对马努考市城市设计的影响

2009 年 12 月马努考市议会规划和活动委员会对健康影响评价结果进行了讨论，议会内部广泛同意健康影响评价对城市设计的价值。健康影响评价作为一个催化剂，促使健康和城市设计良好关联。健康影响评价的主要结果体现在：

（1）健康影响评价促进了市议会和利益相关的个体和机构之间、议会各部门之间的建

设性讨论和辩论，这是很多正式的征求意见和计划过程所不能做到的。

（2）咨询过程发现了健康和城市设计规划之间许多被人们共同关心的领域，如大家都希望从私家车模式转换到一系列灵活机动的公共交通模式。

（3）健康影响评价为议会进行更加细致的城市设计行动提供了资料，尤其是公共领域手册，为城市中心区开放空间的发展提供了指导原则。

（4）健康影响评价将城市环境和健康的科学证据与居民的实际体验结合起来，促使当地政府和健康相关部门就城市环境与健康开始沟通对话。

（5）健康影响评价方法有助于部门间相互协调、明确职责分工和识别潜在影响。

（6）假以时日，城市中心区将成为万名居民的家园。如何使城市中心社区变得更有活力，健康影响评价提供了解决方案。

（7）健康影响评价确立了城市设计规划和社会良好适应之间的关键连通环节，特别是在培养年轻一代养成锻炼身体的习惯方面发挥了良好的作用。

（8）健康影响评价首次给孩子们提供了机会，让他们说出自己对城市中心区的体验，从而更深入地了解目前城市形态的影响。

健康影响评价被城市设计团队视为考量城市环境与健康福利相关性的核心的指标之一，探索了在现有城市中心状况下，如何在维护健康方面提出改善建议。

（史宇晖整理；钱玲、卢永审核）

【案例二】包含健康的交通政策：欧洲健康影响评价分析和流程

【案例点评】

> 本案例展现了健康影响评价在制定交通政策中的综合应用。越来越多的研究证明交通政策会产生健康影响，如空气污染、交通伤害，但是交通政策对于健康的影响一直没有量化工具或者评估工具。1999 年伦敦环境卫生部长级会议发布了《交通、环境和卫生宪章》。该宪章的制定整合政治过程和科学过程，其主要基于：将交通对健康的重要性和成本意识引入政府组织、开展深层次证据分析和国家级案例研究、促进多部门以及非政府组织参与四个部分。在宪章制定过程中，健康影响评价的使用出于两个目的：一是进行倡导，二是明确交通相关政策的健康影响。宪章强调了健康影响评价中证据的重要性以及评估方法和工具开发的必要性。
>
> 本案例为在区域或国家层面评估交通政策对健康的影响提供了基本思路和操作流程，为加强倡导、将健康纳入交通决策提供了具有参考意义的框架。本案例还对交通政策中的健康影响评价提出了具体建议，如消除不公平性、建立健康影响评价模型、加强健康影响评价结果的利用等。案例也将为我国建立健康影响评价评估流程及评价方案提供参考。

一、案例背景

除空气污染和交通伤害外，交通还给健康带来其他影响，但在此方面进行的具体量化探索较少。20 世纪 90 年代中期，一项交通政策对健康影响重要性的研究推动了国际社会对这一问题的关注，强化了在国家和国际水平上采取行动的意愿。1999 年 6 月在英国伦敦举办的第三届环境卫生部长级会议上，讨论了交通与健康议题，并综合使用科学过程和政治过程，形成《交通、环境和卫生宪章》（*Charter on Transport，Environment and Health*，以下简称《宪章》），《宪章》以四个主要部分为基础，提出了国家和国际水平上的目标和行动，旨在实现健康和环境可持续性交通运输，并将健康影响评价（Health Impact Assessment，HIA）认定为交通决策的一个关键内容。《宪章》特别强调：应采用健康影响评价程序评估交通规划、项目和策略；开发健康影响评价的方法、工具，提高健康影响评价能力；估计交通相关健康影响的经济成本；增加健康影响评价的循证依据。

二、制定《宪章》的政治过程和科学过程

《交通、环境和卫生宪章》的顺利通过有赖于政治过程和科学过程的结合（见图 4-1《宪章》制定流程图）。

政治过程涉及欧洲交通、卫生和环境方面的利益相关者、欧盟成员国领导层之间的互动。该过程是在已有的欧洲环境卫生过程上的发展而来的，得到了欧洲环境卫生委员会和第三届环境卫生部长级会议筹备组的大力支持。这种政治互动有助于确定议题及相应的措施。

科学过程涉及一个国际专家组，该专家组成员来自交通和健康相关领域以及包括经济学评估在内的评估方法学领域。这些专家对交通活动所致健康影响进行了综述，对可能产生的影响进行了量化，提出了现有知识和方法工具的不足，给出了本研究结果的政策启示，并提出了改善健康的可能目标。该评估结果于 1998 年 6 月在奥地利维也纳的《宪章》谈判国际启动会上公布。科学家以及来自交通、卫生和环境部门决策者出席会议。秘书处负责宪章完善组和案例研究及出版组之间的沟通交流。这种合作使得科学议题在《宪章》中得以反映，并使后续的科学评估能够更多地考虑政策关注点。

三、政治过程和科学过程的四个基础部分

第一部分是把交通对健康影响的本质、重要性和需要付出代价的认知融入政府交通和环境议程。一系列组织和代理机构参与了交通和环境议程，如联合国欧洲经济委员会（the United Nations Economic Commission for Europe，UNECE）、经济合作与发展组织（the Organization for Economic Co-operation and Development，OECD）、欧洲运输部长会议（the European Conference of Ministries of Transport，ECMT）、欧洲环境署（the European Environment Agency，EEA）、欧盟委员会（the European Commission，EC）和联合国环境规划署（the United Nations Environment Programme，UNEP）等。

第二部分深层次分析了交通对环境和健康影响的证据以及这些影响与政策决定的关联，并通过经济学者和卫生健康领域科学家的参与，促进健康与交通政策间的融合。

第三部分提供了相关国家的案例研究结果，包括意大利二冲程发动机摩托车的健康影响评价和奥地利、法国及瑞士的交通相关空气污染的健康影响评价。后者的研究结果在伦敦会议上公布后，引起大众媒体的高度关注，被认为是提高公众认知的有效方法。

第四部分是一系列由环境、卫生和交通部门、政府间组织和非政府组织参与的政府间会议，这些促进了《宪章》的谈判使《宪章》最终定稿。

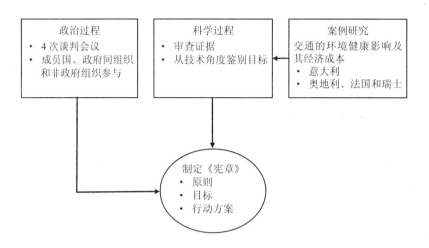

图 4-1 《宪章》制定流程图

四、结果

欧洲经验表明，健康影响评价有助于在战略层面上增强共识，将健康纳入交通议程欧洲经验还表明，在国家、区域和地方各级水平的交通项目、计划和决策中，只要系统运用健康影响评价，即使是简易的流程（如仅有筛选环节），也可以确保考虑到决策对健康的影响。

（史宇晖整理；钱玲、卢永审核）

【案例三】斯洛文尼亚对拟定的农业和食物政策的
健康影响评价

【案例点评】

本案例展现了健康影响评价在农业政策制定过程中的应用。斯洛文尼亚加入欧盟对于国家发展有着积极的意义，同时也意味着政府需要采纳欧盟农业政策。斯洛文尼亚国内最大的农业区是全死因死亡率最高的地区，接受欧盟农业政策是否会影响当地人群的健康，引起人们的关注，为此该国进行了健康影响评价。此案例主要关注欧盟农业政策可能带来的健康影响，同时兼顾对当地农业发展、社会经济和文化的影响。在健康影响评价评估过程中，各方面利益相关者充分参与，新政策的正面和负面影响被综合考虑，形成了六个政策议题，并用定量和定性方法分析了新政策的健康影响。最终针对新政策所引起的一系列农业议题提出建议，对可能产生的负面影响进行了预测。

本案例可为我国开展农业政策健康影响评价提供借鉴。评价结果证明如何平衡国家经济发展与人群健康、社会文化等的关系至关重要，即使在优先发展领域也应进行健康影响评价。

一、案例背景

斯洛文尼亚申请加入欧盟，意味着将接受欧盟农业政策。斯洛文尼亚最大的农业区是全死因死亡率最高的地区，该地区 20% 的人口受雇于农场或相关产业，接受欧盟农业政策将会给当地带来何种影响，包括对人群健康的影响，应引起人们的关注。

二、开展健康影响评价

此次健康影响评价（Health Impact Assessment，HIA）包含了以下六个步骤：政策分析、召集各利益相关者进行快速评价讨论、回顾相关研究证据以明确主要健康影响、收集分析健康相关指标、向跨政府小组提交报告和发现、开展回顾性评价。

（1）政策分析：即确定评价的重要关注点。评价欧盟农业政策将给当地带来的健康影响是主要目的，同时兼顾还应考虑政策对当地农业发展的影响（多样性和环境保护），并关注政策所引起的更广泛的社会经济和文化方面的改变。

（2）召集各利益相关者进行快速评价讨论：纳入所有利益相关者，包括当地农民、食物加工商、消费者组织、学校、公共卫生组织、非政府组织的代表，来自农业、经济发展、教育、旅游和卫生部门的官员以及总统代表等。利用研讨会形式，让参与者提出新的农业政策所可能带来的正面和负面健康影响，运用健康决定因素和半结构化评估的方法促使参与者考虑核心的政策议题，找出各议题的潜在健康影响以及受影响最大人群。

（3）回顾相关研究证据以明确主要健康影响：梳理利益相关者的分析，收集其他来源证据，找出新的农业政策所可能造成的主要健康影响。

利益相关者提出，新的农业政策可能对以下 9 个方面产生潜在影响：

1）收入、就业、住房方面的变化以及农村地区社会资本问题；

2）乡村景观的变化和文化影响；

3）对食物进出口的影响；

4）食物生产和加工的营养价值和食品安全；

5）环境问题：农场密集化导致土壤和水的污染；

6）来自有机农业和有机食物的潜在收益；

7）扩大有机农产品种植和对小规模农场经济的阻力（包括农民所掌握的知识和对欧元的吸收能力）；

8）农场工人和食品加工者的职业卫生水平；

9）当地就业、教育、卫生和社会服务的能力。

再结合其他来源证据，判断健康潜在影响的强度和可能性。通过进一步分析证据，逐渐形成了六个政策议题：环境保护和有机耕作方法、心理健康和农村社区、社会经济因素和社会资本、食品安全、职业暴露、食品政策问题（包括价格、可得性、饮食和营养）。

如利益相关者提出一个假设——采纳欧盟农业政策将形成更大规模的农场和高密度生产方式，这将导致小型家庭农场的消失，增加农村失业率并带来健康损害，如心理抑郁等，而某些地区已经存在较高的与饮酒相关的死亡率和自杀率。那么，接下来就要进一步明确是否有证据支持欧盟农业政策将会使小型家庭农场消失，农场密集化和农村失业是否有联系，以及这些是否会导致疾病发生率上升。在这个例子中，最终的建议就是找出欧盟农业政策中能维系小型农场的政策手段，如将小型农场主从谷物生产转型为具有成本效益的园艺产业。

（4）收集分析健康相关指标：收集 11 大类斯洛文尼亚国家和区域水平的健康和社会指标，定量和定性分析出新政策带来的健康影响。这些指标均为健康决定因素，在健康影响评价中可作为衡量健康结果的中间变量。这些指标如下：

1）食品生产水平；

2）食品生产方式，包括农业化肥的使用程度、是否采用有机食品或环保食品标准生产等；

3）农业区的环境污染；

4）食品进出口水平；

5）食品产业和农业的工作环境及职业卫生；

6）农村社区的社会经济因素，包括就业和失业统计；

7）消费者对食品的可及性——食品零售业、价格；

8）食品消费模式；

9）食品安全统计；

10）食品加工处理方式，包括农场加工处理；

11）农业旅游的发展。

有研究者指出，与其他健康影响评价相似，对政策改变所产生健康影响的评估常常存在不确定性。这是因为对于许多指标，目前只能预测其影响的方向，而不能对其健康结局进行精确量化。

（5）向跨部门小组提交报告和发现：在 2003 年 5 月启动国家食品营养行动计划（*the National Food and Nutrition Action Plan in Slovenia*）时，对跨政府健康委员会（Intergovernmental Committee on Health）报告结果。针对一系列农业议题提供了评估结果和建议。

（6）开展回顾性评价：针对健康影响评价进行回顾性评价。

三、结果

斯洛文尼亚农业和食品政策的健康影响评价使政策制定者对健康与其他政策领域之间的相互影响有了进一步理解，为加强部门间协作创造了新的机会。该实践表明，健康影响评价是将健康融入农业政策议程的有效机制，对政策形成产生了积极效果。

（史宇晖整理；钱玲、卢永审核）

【案例四】美国 2009 健康家庭法案的健康影响评价

【案例点评】

本案例展现了健康影响评价在传染性疾病预防中的应用。案例从人群健康角度出发，为解决健康的不公平性，通过"二手"资料（2007 年国家健康访问数据）发现流感每年都会在人群中大量流行。分析表明，适当的带薪病假可以促使患者（传染源）在家休息，减少外出及公共场所人流，既可以保护低收入人群的收入，也可以减少流行性和季节性流感的发生。比较预测的带薪病假收益病例数（预防性策略）与严重流感爆发病例数，确定"尽管带薪病假可能要求工人承担因自身得病或照顾患病家人而带来的损失（包括收入减少和解雇风险），但其仍会减少疾病传播和随之产生的生产力的降低。"经众议院委员会听证，带薪病假的公共健康价值被广泛认识。

本案例给予我们的启示是：深入分析既往资料中人群健康状况或疾病流行的影响因素，可为新政策或干预策略制定提供依据或参考。

一、案例背景

2009 年《健康家庭法案》要求"雇佣员工超过 15 个人的公司，工人每工作 30 个小时应增加一个小时的带薪病假。"

二、开展健康影响评价

（一）筛选

2009 年春天，"人类影响伙伴"（Human Impact Partners）组织和旧金山公共卫生部门工作人员经分析认定：

（1）该法案对全人群健康有潜在的重大影响。

（2）该法案可能缓解因收入、社会阶层、职业地位不同导致的健康不平等问题。

（3）一次健康影响评价可能记录下相关政策（如带薪病假）对健康的潜在受益范围、大小以及确定性。

（4）健康影响评价可以及时完成。

（5）决策过程应包括对此提议法案进行健康影响评价。

（二）范围界定

在系统回顾带薪病假相关健康研究和公众评论的基础上，发现并确定了 6 种假设的场景，描绘出带薪病假和健康结果之间的潜在关联。基于这些场景，针对潜在关联的评估，提出一系列待研究问题。最后根据可利用的资源，设计出研究方法、工作计划和时间表。

（三）分析

健康影响评价使用的数据和方法包括最新"二手"资料、经验性文献、2007 年国家健康访问调查（National Health Interview Survey）数据、一项加利福尼亚调查资料和来自加利福尼亚、威斯康星小组研究资料。

健康影响评价分析发现，尽管带薪病假可能要求工人承担因自身得病或照顾患病家人而带来的损失（包括收入减少和解雇风险），但其仍会减少疾病传播和随之带来的生产力的降低。

（1）每年有超过 1/3 的流感案例在学校和工厂传播。带薪病假可使工人在其家人出现患病征兆后，听从公共医疗机构的建议在家休息，采取预防性行为，以减少流感的发生。

（2）48% 的私企工人、79% 的低收入工人（其中大部分为女性）和 85% 的饭店服务员没有保障性的带薪病假。如果工人请病假在家休息或者请假在家照顾生病的孩子，那么他们将有收入缩水或者被解雇的风险。相反，如果他们选择去带病工作，那么将有感染他人的风险。

（3）被感染的工人如果待在家里，最大程度可减少 34% 的流感传播。如果没有预防性的策略（如带薪病假），一次严重的流感爆发可能导致超过 200 万人丧生。

（四）报告

包含了研究发现和健康影响评价各阶段的细节（包括对使用方法的细节描述）。1 名报告撰写人在美国众议院委员会听证会上作证后，此次健康影响评价受到了全国性关注。健康影响评价报告见"http://www.humanimpact.org/component/jdownloads/finish/5/68"。

三、结果

在健康影响评价前，带薪病假的公共健康价值没有被广泛认识。通过媒体宣传和政策推广，引起了公众对此的更大关注，推动了带薪病假的立法进程。

（史宇晖整理；钱玲、卢永审核）

【案例五】泰国健康影响评价的发展：近期的经验及挑战

【案例点评】

> 本案例是健康影响评价在国家健康相关法案中的应用。2000 年泰国起草了《国家卫生法案》，并自 2001 年启动健康影响评价研究和开发项目，积累了许多经验。为了实现"人人健康"的国家发展目标，泰国引入健康影响评价机制，以促进公共政策利益相关方共同协作。泰国选择将健康影响评价作为健康公共政策制定过程中重要的参与式学习工具，并根据本国具体情况提出了健康影响评价实施的三种执行机构、四大支柱、五项考虑因素。
>
> 本案例为我国开展健康影响评价提供了很好的借鉴，案例告诉我们在进行健康影响评价时，要充分考虑可能涉及的所有利益相关者的利益，运用扎实的知识，利用学术界和社区团体的推动力，依靠政府和社会支持，实现健康公共政策。

一、案例背景

泰国的工业化发展对当地居民的健康造成了负面影响。2000 年，泰国国家卫生体制改革提出公民参与公共政策的新理念，倡导健康公共政策的制定。由此引入健康影响评价（Health Impact Assessment，HIA）机制，协调公共政策的所有利益相关者，共同协作实现健康目标。

政策描述：在国家卫生体制改革的同时，泰国还启动了《国家健康法案》（*the National Health Art*，NHA，以下简称"法案"）起草工作。该法案的草稿指出了未来卫生体制的核心和本质，阐明了健康是发展的最终目标，是所有人的权利和尊严。法案重新诠释了"健康"的内涵为身体、心理、社会和精神价值四个方面的健康，确定了个人、社区、地方和中央政府的权利和责任，纳入了影响健康公平和安全的所有决定因素。法案完善了健康公共政策的概念，并将健康影响评价作为健康公共政策制定过程中重要的参与式学习工具。法案被视为动员所有利益相关者在卫生系统重构中相互协作的一个至关重要的手段。

在国家卫生体制改革中，涉及卫生部门的主要有两个新架构：一是国民健康大会（the National Health Assembly），公民可以表达对健康的看法和愿望，并参与讨论；二是国家健康委员会（National Health Committee），作为协调机构，提出国家健康政策和战略建议。

二、健康影响评价的发展过程

（一）发展平台

在回顾一些国家的健康影响评价经验后，泰国确定了两种健康影响评价发展平台：

第一是汲取加拿大和新西兰的经验，把健康影响评价整合到环境影响评价（Enviromental Health Impact Assessment，EIA）过程中，作为环境影响评价的一个附加部分。这种方法使健康影响评价成为一种审批机制，主要运用于项目审批。

第二是汲取荷兰和英国的经验，把健康影响评价作为影响健康公共政策的一个基本工具。这种方法使健康影响评价成为一个参与式学习过程，而非审批机制，主要运用于改善健康不公平，在循证基础上为政策制定者提供建议。

（二）平台的选择

泰国的研究人员和当地社区更倾向第一种平台，因为它具有接受或拒绝项目建议书的权威性。但是，泰国在当时情况下，采用第一种平台具有一定的困难：健康影响评价实施需要大范围的参与，现有的环境影响评价过程需要为此做出改变，要做到这点从政治上来讲并不容易，甚至可能引发对整个卫生体制改革的强烈反对。

经讨论，国家卫生体制改革委员会（the National Health System Reform Committee）决定采用第二种平台，并将其覆盖到各级各领域的公共政策之中。同时还可以通过健康影响评价促使国家卫生体制改革获得政治支持，也促进了健康影响评价的知识积累。

（三）四大支柱

健康影响评价过程的有效性取决于四大支柱。

（1）确定适宜的路径清晰的分析框架，以保证参与式学习过程的持续性。

（2）需要设计一个有效的制度框架，推动健康影响评价的执行，确保健康影响评价在公共政策制定中发挥作用。

（3）有一批充分掌握技术的专家和积极参与者。

（4）建立良好的对话环境，促进建设性对话。通过系列活动（如时事通信、网站、广播、当地和国际论坛等）促进公众对健康公共政策的关注和交流。

（四）五项考虑因素

（1）方法和工具必须与可利用信息、知识、资源和时间表相适宜。

（2）收集已有的和开发新的方法和工具，是架起学术界与地方执行机构之间"桥梁"的必要条件。

（3）必须有适宜的评价框架和方法，评估社会影响和精神价值影响，这可能需要借鉴国际经验。

（4）分析框架需足够灵活，适用于公共卫生、环境、社会和经济等领域的不同类型政策。

（5）制定公共政策的过程必须有助于健康影响评价的推动者和研究者开展以下工作：确定政策问题，与健康公共政策的伙伴沟通，提出合适的政策建议，在政治进程中寻找政策窗口。

（五）三种形式的执行机构

健康影响评价协调小组：协调所有健康影响评价行动，组织研究新知识和信息，组织开展学习活动。

三个区域性网络：支持学习过程，积累区域内健康影响评价知识。

五个健康影响评价主题网络：针对不同政策领域，在科学证据和公共政策制定间架起"桥梁"。

三、成效与经验

泰国赋予健康和卫生体制新的内涵，为卫生系统设定了全面的整体框架。

（1）卫生体制改革的第一步是起草《国家健康法案》，以促使公共政策领域关注健康，并积极构建以健康环境、和谐社会为目标的学习型社会。

（2）优先投资资源库和信息系统，减少了健康影响评价的成本。

（3）卫生体制改革下新管理架构的建立对保证健康影响评价这一政策工具的有效性非常重要，健康影响评价和新管理架构之间的协调至为关键。

（4）健康影响评价成功的最关键在于，从一开始就考虑了所有利益相关者的参与。在泰国，政府部门是健康影响评价的主要使用者，学术界和社区团体是推动健康公共政策的坚实基础。然而，将技术知识转化为体制变革，只有在社区和政府支持下才能合法化。知识分子与政治权力机构和社区团体并肩工作，在泰国公共政策历史上尚属首次。

四、泰国健康影响评价发展历程表

2000.08 《国家健康法案》起草工作正式开始。

2001.01 在《国家健康法案》起草中首次提出健康公共政策的概念。

2001.03 启动健康影响评价研究和开发项目。

2001.05 卫生系统研究所（Health Systems Research Institute，HSRI）研究人员参加国家健康影响评估协会（International Association of Impact Assessment）年会。

2001.07 三个案例研究成果在公众论坛上发布。

2001.09 在国家健康大会上第一次介绍健康影响评价的概念和案例研究。

2001.10 第一个健康影响评价区域网络建立。

2001.12 卫生系统研究所组织健康影响评价国际研讨会。

2002.01 第一个健康影响评价主题网络建立。

2002.03 社区论坛组织了关于健康影响评价概念和执行的讨论。

2002.05 所有的健康影响评价网络参与了第一次健康影响评价年会。

2002.06 5篇文章在国际健康影响评估协会年会上交流。

2002.08 为当地社区和研究者提供了两次健康影响评价培训课程；出台了第一个健康影响评价指南；国家健康大会接受了健康影响评价作为《国家健康法案》的核心要素之一。

2002.12 健康影响评价培训中心成立。

（史宇晖整理；钱玲、卢永审核）

【案例六】新南威尔士州"健康影响评价"实践与南澳大利亚州"将健康融入所有政策"实践的比较

【案例点评】

> "将健康融入所有政策"是一种以改善人群健康和健康公平为目标的公共政策制定方法，它系统地考虑这些公共政策可能带来的健康后果，寻求部门间协作，避免政策对健康造成不利影响。健康影响评价是一系列系统地评判政策、规划、项目对人群健康的潜在影响及影响在人群中的分布情况的程序、方法和工具，是实施"将健康融入所有政策"不可或缺的环节和方法。
>
> 本案例基于新南威尔士州健康影响评价和南澳大利亚州"将健康融入所有政策"的实践，从实施机制、引入节点、实施方式及步骤等方面对两者进行了全面的比较，指出了两地实践的异同点和关联，为更好地理解和实施健康影响评价和"将健康融入所有政策"提供了参考和借鉴。

一、案例背景

各部门做出的政策决定均可能影响人群健康和健康公平，这促使卫生部门与其他部门合作，达成共识并制定旨在改善人群健康的政策。健康影响评价（Health Impact Assessment，HIA）方法和"将健康融入所有政策"（Health in All Policies，HiAP）策略均是跨部门健康行动的手段。

健康影响评价为评估和预测政策、规划、计划和项目的潜在健康影响提供了一个结构化的、逐步递进的过程。新南威尔士州的健康影响评价实践开始于 2003 年。健康影响评价的主要实施机构是新南威尔士大学健康权益培训研究和评估中心（Centre for Health Equity Training，Research and Evaluation，CHETRE，以下简称"评估中心"），通过与政府和非政府组织合作开发和应用健康影响评价。在新南威尔士州，健康影响评价实施独立于立法架构，为非政府授权。健康影响评价主要作为一个决策支持的过程，由机构或组织（常常是政府内部的）同意或委托进行。大多数健康影响评价实践均是针对规划，如卫生服务规划或城市发展相关规划。另外，评估中心也针对健康公平开展一些健康影响评价实践。健康影响评价实施之前通常会组织对健康影响评价程序进行学习，对于由某个机构或组织实施的健康影响评价，通常在评估中心支持下，随着健康影响评价实施的展开逐步学习。

"将健康融入所有政策"在 2007 年被引入南澳大利亚州（以下简称南澳州），该方法为卫生部门人员与州政府其他部门人员合作提供了基础，在政策的提出、制定和实施过程中，均要考虑其对健康和福祉的潜在影响。"将健康融入所有政策"的实施与南澳州战略规划（South Australia's Strategic Plan，SASP）密切关联，该战略规划要求政府部门间联合协作，实现特定的目标和目的。在南澳州，"将健康融入所有政策"有总理和内阁的授权，具有中央治理、承诺和问责性质。"将健康融入所有政策"的实施方法随着州政治环境的变化而有适应性改变，以确保其目的和效果。在南澳州同样把"将健康融入所有政策"实践作为一个学习实施过程和效果评估的手段。

二、比较的结果

表 4-1 和表 4-2 分析展示了新南威尔士州健康影响评价（HIA）实践与南澳州"将健康融入所有政策"（HiAP）实践在机制及策略层面、技术方法层面的异同。

表 4-1　新南威尔士州 HIA 实践与南澳州 HiAP 实践在机制及策略层面的比较

条目	新南威尔士州：HIA 实践	南澳州：HiAP 实践
实施组织的定位	• 由独立于政府之外的大学机构与州、地方政府内部实施者，社区团体以及非政府组织（NGOs）之间协同合作	• 州政府卫生与老龄化部门的公务员与州、地方政府其他部门公务员或部门之间的协同合作。 • 社区团体和学术界仅在证据收集阶段参与
实施原则	• 起源于对于民主、可持续性和公平的广义的社会价值观，并以此作为指导方针。 • 以建成一个更加公平的、能提供最佳健康和福祉的社会作为目标。 • 最初引入动机：州卫生系统内部在解决健康公平及与其他部门合作方面的能力建设。 • 没有与任何政府方针或策略相关联；作为一个结构化方法，在卫生和其他部门内部进行影响估计和预测。 • 目前，已被政府内外的利益相关者运用在不同的领域	• 源于南澳州政府的推动，与南澳州战略规划密切相关。 • "将健康融入所有政策"见《阿德莱德将健康融入所有政策宣言》。 • 以健康结局作为目标。 • 目标的实现需要有一种新的管理架构，即政府内部的联合领导小组，需要所有部门和各级政府的参与。 • 卫生部门应作为解决跨政府复杂问题的贡献者、促进者，而不仅仅是一个领导者

条目	新南威尔士州：HIA 实践	南澳州：HiAP 实践
协作关系建立	均建立在对协同合作的价值观认同的基础上，通过协作来实现人群健康的可持续性改变	
	• 建立关系是健康影响评价过程的产出和健康影响评价的"催化剂"，但并非明确定位的目标。 • 健康影响评价不受政治环境的限制，尤其是在增加健康公平性方面	• 以发展政府内部的协同合作关系作为首要机制，促进政策进程、确保对健康的考虑并运用到政策之中。 • 实施方式受政治驱动力、政治敏锐性和政府优先项目的限制
应用领域	非常广泛。包括： • 土地使用规划； • 卫生服务发展； • 健康公平：如健康饮食、数字技术、妇幼健康、慢病管理、口腔健康、性健康、卫生服务发展及再开发、当地医疗保险等方面的公平性。 • 原住民健康、区域和当地土地使用计划以及开发过程、社会可持续性、对住房和水的管理等	• 许多不同政策领域。包括：交通，水管理，移民，可持续性发展，数字技术，原住民福利、教育和培训以及健康养老等。 • 政府机构的能力建设

表 4-2 新南威尔士州 HIA 实践与南澳州 HiAP 实践在技术方法的比较

条目	新南威尔士州：HIA 实践	南澳州：HiAP 实践
在政策制定周期中的实施节点	• 在政策制定周期中的政策形成阶段和决策阶段引入。 • 有具体的实施时间点，即在提案草案制定后、提案执行前引入。 • 但具体应用时，往往在提案草案最后形成之前引入健康影响评价，使其能及早提供信息，并贯穿于整个政策周期之中	• 跨越政策制定周期。往往在政策制定周期的更早阶段即议题设定阶段引入。 • 一般没有具体的时间限定，可以长期发挥作用。 • 作为广泛的战略措施，借助于健康透镜分析（Health Lens Analysis，HLA），为跨部门政策制定提供实践过程
目的与实施方式	• 旨在对提案（即使只是一种想法或选择）进行评估，预测其对健康和健康公平的影响。 • 通过确定提案所涉及健康决定因素（如经济、住房、教育、卫生服务等）及相关行动与健康及健康公平结局之间的因果关系，为提案的重新起草或采取进一步的行动、更好地考虑健康和健康公平提出建议	• 旨在实现政府核心目标（包括健康目标和其他部门的目标）。 • 通过确定健康与合作领域所涉及决定因素之间的因果通路，以一种双向动态的形式参与政策制定。 • 强调卫生与其他部门核心业务间的关联和互动。把对健康的考虑放在帮助实现其部门目标的实质性位置，从而实现双赢

条目	新南威尔士州：HIA 实践	南澳州：HiAP 实践
	新南威尔士州的健康影响评价实践和南澳州的"将健康融入所有政策"实践均包括一系列步骤，而且很明显南澳州政府在设计健康透镜分析时利用了健康影响评价原理。在政策制定周期中，"将健康融入所有政策"的引入时间早于健康影响评价；健康影响评价使用了筛选和范围界定过程；"将健康融入所有政策"必须进行相当多的政府机构沟通和协调工作；其他步骤基本相同	
实施步骤	（1）筛选 • 确定提案中可能对健康产生影响的内容。 • 决定是否要进行健康影响评价。 （2）范围界定 • 确定健康影响评价实施的内容、时间和方法以及健康影响评价实施者及合作者。 • 确保重点针对最有可能受到负面影响的群体。 （3）分析与评估 • 进行科学文献的回顾与综述。 • 与专家和目标人群进行讨论。 • 调查与分析。 （4）建议与报告 • 基于改善健康与促进公平的出发点提出建议，以实现最小化潜在的负面影响，最大化正面影响的目标。 • 对健康影响评价过程、结论和建议进行报告。	（1）引入 • 建立合作关系和讨论的机制，确保满足各方利益的灵活性，关注协同效益。 • 确定或澄清相关背景问题。 • 商议并就政策的焦点达成一致，要考虑政治优先。 • 确定资源。 • 制订计划，确定流程。 • 建立评价标准。 （2）收集证据 • 采用定性及定量方法收集证据。 • 结合探讨和讨论。 • 协调各方观点。 • 共同确定结论和建议。 （3）结果产出 • 产出报告和适宜于政治和财政环境的最终建议。 • 测试"结果"。 （4）形成和通过 • 经过决策制定过程和政府层级制度审核，最终形成以共同利益为焦点的报告和最终建议。 • 提供简报并介绍组织必要的会议。 • 卫生部门和合作部门的负责人签字。 • 向内阁工作组高级官员汇报。

条目	新南威尔士州：HIA 实践	南澳州：HiAP 实践
实施步骤	（5）评价 ● 回顾整个健康影响评价过程 ● 可能情况下，在 12 个月后评估项目或政策的实际影响。但现实中往往由于资金限制而难以操作	（5）评价 ● 请第三方机构对"将健康融入所有政策"过程、影响和产出进行评估，并对过程改进进行鉴定。 ● 应对所有"将健康融入所有政策"工作进行评价。然而由于资金限制，一般仅对其中部分进行评价

三、结论

对新南威尔士州健康影响评价实践与南澳州"将健康融入所有政策"实践的比较发现：

（1）健康影响评价和"将健康融入所有政策"的总体目标是相类似的，即提供循证建议，使政策和规划更加有利于人群健康和健康公平。

（2）由于实施组织的定位不同，两者在实施技术和策略上稍有差异。例如，在政策制定周期中，健康影响评价的引入比"将健康融入所有政策"要晚；建立协作关系在"将健康融入所有政策"中被视为必须工作，而在健康影响评价中只是作为一种收益；健康影响评价更加强调影响决策、促进健康及健康公平的技术策略，而"将健康融入所有政策"更强调谋略；与健康影响评价相比，"将健康融入所有政策"的运用领域、合作伙伴以及最终建议受政治环境的影响相对较多，其广度和深度有一定受限等。

（3）尽管健康影响评价和"将健康融入所有政策"之间存在差异，但并不意味着两者是互不相容或相互竞争。事实上，两者目标一致，即采用一种创新方法，以明确或含蓄的形式将健康及健康公平因素纳入政策制定体系中。两者在实施策略上的多样性为后续研究和实践奠定了扎实的基础，并且都以继续努力实现机制层面的改变，达到人群健康及健康分配最优化的目的。

（史宇晖整理；钱玲、卢永审核）

第五章 国内试点县（区）的实践案例

【案例一】湖北省宜昌市西陵区学生"小饭桌"管理的健康影响评价

【案例点评】

　　本案例对将健康影响评价方法运用于食品安全相关政策制定进行了探索。宜昌市西陵区人民政府拟出台《西陵区学生"小饭桌"监督管理暂行办法》（以下简称"办法"），本案例利用健康影响评价方法评估了该"办法"可能产生的健康影响，并对"办法"进行了修订完善。在本案例中，根据健康决定因素清单界定该"办法"将涉及的健康决定因素，并利用国内外参考文献、现场观察、专家咨询和公众参与度调查方法，为该"办法"修订提出了具体修改建议。"小饭桌"的监管涉及教育、公共卫生、公安等诸多因素，健康影响评价的实施保障了多部门协作的顺利进行，对保护学生身体健康，稳定社会治安产生积极作用。

　　本案例探索了健康影响评价方法，尝试了实施路径。本案例介绍了"拟定政策提交备案、成立健康影响评价专家工作组、实施健康影响评价、健康影响评价结果和建议备案、提交政策参考"等工作流程，并展示了健康影响评价的技术评估流程，即"筛选、范围界定、实施评估、报告和建议"。

　　本案例为我国多部门政策进行健康影响评价提供了借鉴和初步经验。该案例中还存在需要进一步完善的地方，如完善儿童健康影响评估指标体系。由于该政策涉及食品药品监督管理总局部门、其他部门和社会公众，还应扩大相关利益方参与范围。对新政策执行后产生的效果还需要进一步监测和评估。

一、案例背景

近年来，宜昌市乃至全国都出现了"小饭桌"这一新兴业态，即为学生提供校外饮食和接送，以解决因父母工作忙导致的小学生无法回家吃饭以及无人接送的问题。相对于其他餐饮服务，"小饭桌"涉及饮食、教育、公共卫生、消防等诸多因素，具有一定特殊性，因而备受社会关注。

针对"小饭桌"这一新兴业态，尽管宜昌市通过加强监管使其日趋规范，但仍存在一些问题需深入研究并加以解决。主要表现在：①部分从业人员食品安全意识不强，不能严格执行食品安全管理制度。②绝大部分"小饭桌"生产设施不全，其加工场所多为家庭式厨房，面积狭小，布局不合理。③学生健康没有保障。有的"小饭桌"接收大量学生，床铺密集，空气流通不畅，容易造成传染性疾病的传播或意外伤害。④监督部门管理力度不足。"小饭桌"由食品药监一个部门负责实际监管，由于食品药品监管任务繁重，且"小饭桌"大多隐避于居民楼里，使监管变得更加困难，现有监管人员难以保证监督检查的频次、效率和覆盖面。⑤监督政策和法规缺失。目前，国家、省地各级均未都出台关于"小饭桌"监管的政策法规，对于那些脏乱差的"小饭桌"没有强制性的行政执法手段，取缔更是缺少法律法规的支持。

鉴于上述情况，宜昌市西陵区人民政府计划出台《西陵区学生"小饭桌"监督管理暂行办法》（以下简称"办法"），并提交区健康促进委员会对该"办法"进行健康影响评价，预估其可能产生的健康和社会影响。由于该"办法"将由区人民政府正式发布，故由健康促进委员会常设办公室（设在区政府办，以下简称常设办公室）牵头负责实施健康影响评价。

二、组建健康影响评价工作网络

常设办公室从西陵区政府"健康影响评价专家委员会"中选定来自法律、教育、社会保险、公安、消防、卫生、食药监、环保、工商、城管领域的 11 名专家，组成了《西陵区学生"小饭桌"监督管理暂行办法》健康影响评价专家工作组，负责提供技术支持。通过相关指标判定专家的积极系数以及专家意见的权威程度，确保健康影响评价工作的科学性和权威性。

"小饭桌"以食品安全问题为主，故由西陵区食品药品监督管理局（以下简称西陵区食药监局）负责起草"办法"。在本次健康影响评价中由食药监局负责具体实施及相关资料收集工作，并指定餐饮服务监管科与常设办公室进行对接和协调。

三、开展健康影响评价工作

在实施健康影响评价之前，由西陵区食药监局向健康促进委员会常设办公室提交备案申请，填报《宜昌市西陵区健康影响评价备案登记表（试行）》，并向常设办公室一并提交《西陵区学生"小饭桌"监督管理暂行办法（征求意见稿）》文本，由常设办公室秘书科接收备案登记表。

健康影响评价专家工作组完成健康影响评价技术评估后，评估结果提交至常设办公室备案，并由常设办公室提交至"办法"起草方——区食药监局。区食药监局根据健康影响评价专家工作组意见，修改完善《西陵区学生"小饭桌"监督管理暂行办法》，并填报《宜昌市西陵区健康影响评价结果备案表（试行）》，一并将修改版《西陵区学生"小饭桌"监督管理暂行办法》文本提交至常设办公室。由常设办公室批示，将健康影响评价报告和建议、修改文本提交至西陵区健康促进委员会、区人民政府，供最终决策使用。具体工作流程见图 5-1。

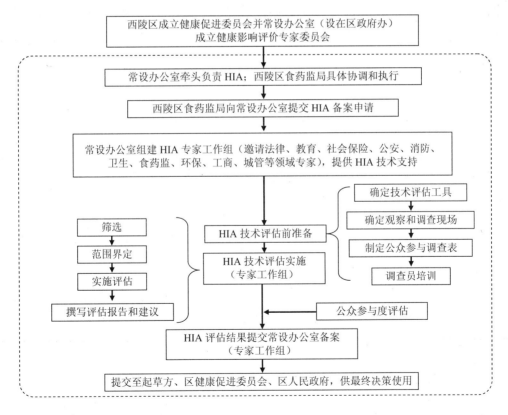

图 5-1 《西陵区学生"小饭桌"监督管理暂行办法（征求意见稿）》健康影响评价（HIA）工作流程

四、实施健康影响评价技术评估

按照筛选、范围界定、实施评估、报告和建议四个步骤实施健康影响评价的技术评估工作。

(一) 筛选

由常设办公室组织，健康影响评价专家工作组和 3 类可能受该"办法"影响的人群代表（学生家长、"小饭桌"负责人、附近的居民）共 14 人参加筛选工作。筛选通过填写筛选清单和讨论进行，结论如下：

（1）由于该"办法"的执行会涉及小学生身体健康、从业人员的管理、部门间的协作等问题，属于"惠及广大人群的政策"，同时又是西陵区重点关注的问题，需要对此"办法"开展健康影响评价。见表 5-1。

（2）该"办法"涉及饮食、吸烟、饮酒、房屋大小和拥挤程度、房屋安全性、小区周围的基建和宜居性、疾病媒介、交通危险性、食物资源和其安全性、幼儿托管服务等 10 项健康决定因素，并可能产生一定的健康影响。针对本"办法"的健康影响评价将从这些方面进行评估。

表 5-1　健康影响评价工具——筛选清单结果汇总

问　题	回答		回答的确定性等级		
	是	否	高	中	低
拟议政策的变更，是否有可能产生正面的健康影响？	√		√		
拟议政策的变更，是否有可能产生负面的健康影响？		√	√		
潜在的负面健康影响是否会波及很多人？（包括目前、将来以及影响后代）		√	√		
潜在负面健康影响是否会造成死亡、伤残或入院风险？		√	√		
对于弱势群体而言，潜在的负面健康影响是否会对其造成更为严重的后果？		√	√		
大众或社区对政策变动产生的潜在健康影响是否有一定的关注？	√		√		

(二) 范围界定

专家工作组及影响人群代表通过范围界定清单填写和小组讨论确定健康影响评价的等级。

由于该"办法"制定需求急迫，且涉及食品、教育、公共卫生、消防等诸多部门，与其他政策的制定关联密切，社会效益较高，在现有条件下确定采用综合性程度较低的评估方法进行快速评估（见表5-2）。

表5-2　健康影响评价工具——范围界定结果

问题	回答/理由	选择适宜评估工具等级的指导	评估工具的综合性程度判断 高	低
政策变动的幅度大不大？	不大	变更幅度越大，工具的综合性应该越高		√
政策变动是否对健康产生重大的潜在影响？	否	潜在健康影响越重大，不确定性等级越高，工具的综合性应该却高		√
政策变动的需求是不是很急迫？	是	如果紧迫性相对较高，则可以选择综合性较低的工具		√
是否与其他政策制定的时间设置相关？	是	如果时间设置与其他政策的制定关联密切，且时间表安排紧张，则可以选择综合性较低的工具		√
政策变动的经济社会发展利益水平有多高？	不高	经济社会发展利益水平越高，工具的综合性应该越高		√
是否有其他的政治考虑？	否	政策变动的政治复杂性越高，工具的综合性应该越高		√
公众利益水平有多高？	较高	政策变动的公众利益水平越高，工具的综合性应该越高	√	
政策变动是否存在"机会窗口"？	否	考虑是否存在"机会窗口"（即好时机、货币流通、政策支持）。如果"机会窗口"即将关闭，可以选择综合性较低的工具	√	
是否有健康影响评价人力资源支持？	有	资源水平越高，工具的综合性应该越高		√
是否有健康影响评价资金？	否	资金支持水平越高，工具的综合性应该越高		√

（三）实施评估

健康影响评价快速评估采用文献研究法、观察法、专家咨询法进行。

1．文献研究法

（1）在"中国知网"上对国内学者近3年来关于课后托管教育、安全的文献及资料进行搜集、归纳整理，系统了解校外"小饭桌"存在的问题和已有对策。

（2）收集西陵区"小饭桌"基本情况资料，了解"小饭桌"整体分布、容纳学生情况以及房屋情况，了解食品卫生、从业人员健康及吸烟酗酒等不良健康行为情况。资料来源于《食药监局"小饭桌"监管档案》（2016 年 1 月 1 日至 2017 年 9 月 25 日）。

2. 观察法

根据事先设计的观察内容，选择 4 家有代表性的"小饭桌"，进行现场观察，从房屋及交通安全性、食品卫生及安全、从业人员健康等方面实地了解和对照"小饭桌"经营场所的情况，发现其现存的问题。

3. 专家咨询法

在文献研究和现场观察基础上，专家工作组围绕该"办法"所涉及的因素进行影响评估，并确定相关修订建议。

（四）报告和建议

1. 宜昌市西陵区"小饭桌"存在的主要问题

（1）101 家"小饭桌"的房屋依托于学校附近的居民楼，虽然没有危房的存在，但当学生上、下学时，会在楼梯道中打闹、嬉戏，造成一定的安全隐患，并影响同一单元其他住户的正常生活。

（2）学生往返学校与"小饭桌"之间时，由于需要通过马路，存在一定交通安全隐患。

（3）"小饭桌"的 245 名从业人员均持有健康证，每个"小饭桌"均制定食谱，并实行分餐制。但食品生鲜的采购均是"小饭桌"自行采购，食品生鲜的新鲜程度难以保证，同时存在一定的食品安全隐患。

2. 健康影响评价专家工作组意见

（1）"小饭桌"良性发展问题不容忽视，应强化政府立体监督，社会共治。要建立健全政府主导、部门配合的联动机制，强化监管力量，加强职能部门监管力量的整合。

（2）学生安全关系重大，"小饭桌"开办者对学生的食品安全、消防安全、治安安全负主体责任，建议明确"小饭桌"开办者的相关责任。

（3）充分尊重居民住户的合法权益，严把准入关。由于"小饭桌"大多开设在居民楼，为保障居民住户合法权益，建议根据《中华人民共和国物权法》《物业管理条例》对在居民楼开设"小饭桌"的情形提高准入门槛。

（4）为充分保障学生安全，综合考虑消防安全、治安安全等，"小饭桌"所在楼层不宜过高。

（五）公众参与度评估

为了向公众介绍该"办法"，了解公众对 "办法"的关心程度、所持态度及公众的意见和建议，使"办法"更易被公众接受，在本次健康影响评价中还通过问卷调查法开展公众参与度评估。

1. 调查对象

包括该"办法"实施区域内的干部、企事业单位职工及周边的居民、教师、家长等，确保公众参与评估结果的代表性。

2. 调查内容

包括个人信息（性别、年龄、职业等）、对《西陵区学生"小饭桌"监督管理暂行办法》的知晓情况、支持情况和建议。

3. 评估结果

共发出个人调查表 80 份，收回 79 份。反馈结果显示，调查对象均知晓和了解本"办法"，并且支持"办法"的出台。

五、开展健康影响评价的效果

健康影响评价专家工作组在对西陵区学生"小饭桌"的实际运作情况进行充分考察，了解其资质、卫生、安全等情况基础上，对《西陵区学生"小饭桌"监督管理暂行办法》进行了健康影响评价，并提出修改建议和意见。

"办法"起草方——西陵区食药监局根据健康影响评价建议和意见，对《西陵区学生"小饭桌"监督管理暂行办法》进行了修改完善。具体内容如下：

（1）"办法"第五条改为："小饭桌"开办者是学生食品安全、消防安全、治安安全的第一责任人，应当依照法律、法规和食品安全标准从事食品经营活动，保障食品安全，接受社会监督。

（2）"办法"第七条改为：业主依法将住宅改变为经营性用房从事小饭桌经营活动的，除遵守法律、法规以及业主管理规约外，须经所在楼栋全部业主和本住宅小区利害关系人同意。"小饭桌"经营者在进行工商注册登记和申请办理《食品经营许可证》时，需提供业主委员会或居（村）委会和物业管理公司的书面同意意见，并向食药监部门提供《西陵区居民住宅申请开办学生"小饭桌"征求意见表》（申请人在食药监办证办照窗口领取表样）。业主委员会或居（村）委会和物业管理公司应组织利害关系人依本办法认定后方可提供相应意见。

（3）"办法"第九条"所在楼层不得超过七层"改为"所在楼层不得超过三层"。

《西陵区学生"小饭桌"监督管理暂行办法（修改版）》最终获得西陵区人民政府审核通过，最终正式出台了《西陵区学生"小饭桌"监督管理暂行办法》。

（刘继恒 徐勇 徐静东撰写 史宇晖点评）

【案例二】湖北省宜昌市西陵区"生态市民"建设实施方案的健康影响评价

【案例点评】

本案例为湖北省宜昌市西陵区人民政府对城市综合发展方案进行健康影响评价的初步尝试。为积极打造"生态治理的健康城市",宜昌市西陵区人民政府对计划出台的《西陵区"生态市民"建设实施方案》开展健康影响评价(以下简称《方案》)。在《方案》中,"生态市民"是一个宏观概念,涉及城市居民的行为生活方式、环保知识和技能的掌握以及政府相关多部门的配套设施建设、资金投入等,方案的贯彻执行将对社会产生积极的影响。

在《方案》的健康影响评价中,重点评估了《方案》实施的社会影响和健康影响,如居民的出行安全、生活环境、垃圾处理等健康决定因素,并对《方案》的相应条款提出修改建议。作为此次健康影响评价的一项"额外"产出,本案例在具体修改建议中提出了利用已有指标("五率")作为效果评价的量化指标和年度目标,以便进行后续工作的监测和评价,从而保障《方案》能有效实现改善居民健康、提高环保意识的目的。

该案例中还需要进一步完善健康评估指标体系,如对健康行为、健康状况影响的具体评价方法,后续监测和评价的具体方案等。本案例中已初步实现了健康影响评价的 6 个步骤,为在城市建设开展健康影响评价提供了借鉴。

一、案例背景

2016 年宜昌市委、市政府围绕生态守护、生态产业、生态公民"三大工程",做出在全国首创三峡生态经济合作区生态治理"宜昌试验"的重大举措。为积极打造生态治理"宜昌试验"的城市样本,西陵区人民政府打算出台《西陵区"生态市民"建设实施方案》(以下简称《方案》),并提交区"健康促进委员会"对该《方案》进行健康影响评价(HIA),预估其可能产生的健康和社会影响。由于《方案》将由区人民政府正式发布,故由"健康促进委员会常设办公室"(设在区政府办,以下简称常设办公室)牵头负责实施健康影响评价。

二、组建健康影响评价的工作网络

常设办公室从西陵区政府"健康影响评价专家委员会"中选定来自法律、教育、文体、宣传、卫生、环保、城管、民政领域的 8 名专家，组成了《西陵区"生态市民"建设实施方案》健康影响评价专家工作组，负责提供技术支持。

西陵区委宣传部负责起草《方案》，故由西陵区委宣传部负责本次健康影响评价具体实施和资料收集，并指定宣传部办公室与常设办公室对接和协调。

三、开展健康影响评价工作

在实施健康影响评价之前，由西陵区委宣传部办公室向常设办公室提交备案，填报《宜昌市西陵区健康影响评价备案登记表（试行）》，并向常设办公室一并提交《西陵区"生态市民"建设实施方案》（征求意见稿）文本，由常设办公室秘书科接收备案登记表。

在健康影响评价专家工作组完成健康影响评价技术评估后，将评价结果提交至常设办公室备案，并由常设办公室提交至《方案》起草方——区委宣传部。区委宣传部根据健康影响评价专家工作组意见，修改完善《方案》，并填报《宜昌市西陵区健康影响评价结果备案表（试行）》，一并将《西陵区"生态市民"建设实施方案》（修改版）文本提交至常设办公室。由常设办公室批示，将健康影响评价报告和建议、修改文本提交至西陵区健康促进委员会、区人民政府，供最终决策使用。具体工作流程见图 5-2。

四、健康影响评价的实施

按照筛选、范围界定、实施评估、报告和建议四个步骤实施健康影响评价的技术评估工作。

（一）筛选

由常设办公室组织，健康影响评价专家工作组参加此次筛选工作。筛选通过填写筛选清单和讨论进行，结论如下：

（1）由于该《方案》的执行会涉及辖区人群的行为生活方式、全区居民参与以及部门间协作等，属于"惠及广大人群的政策"；同时西陵区又将作为"宜昌试验"的样板，是西陵区重点关注的问题，需要对此《方案》开展健康影响评价。筛选清单见表 5-3。

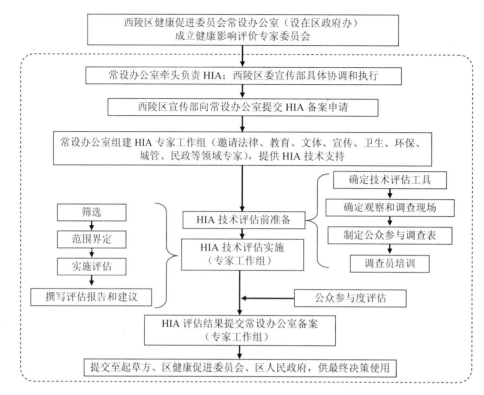

图 5-2 《西陵区"生态市民"建设实施方案》
健康影响评价（HIA）工作流程图

表 5-3 筛选清单结果汇总

问题	回答		回答的确定性等级		
	是	否	高	中	低
拟议政策的变更，是否有可能产生正面的健康影响？	√		√		
拟议政策的变更，是否有可能产生负面的健康影响？		√	√		
潜在的负面健康影响是否会波及很多人？（包括目前、将来以及影响后代）		√	√		
潜在负面健康影响是否会造成死亡、伤残或入院风险？		√	√		
对于弱势群体而言，潜在的负面健康影响是否会对其造成更为严重的后果？		√	√		
大众或社区对政策变动产生的潜在健康影响是否有一定的关注？	√		√		

（2）该《方案》涉及饮食、体育活动/宅居、休闲娱乐活动、小区周围的基建和宜居性、空气质量、自然空间和生活环境、交通危险性、垃圾处理等 8 项健康决定因素，可能产生一定的健康影响。

（二）范围界定

专家工作组通过范围界定清单填写和小组讨论确定健康影响评价的等级。

根据《方案》中所涉及健康决定因素对健康影响大小以及时间、资源优先的估计，确定本《方案》的健康影响评价应考虑交通安全性和垃圾处理这两个可能产生健康负面影响的因素。

《方案》涉及法律、教育、文体、宣传、卫生、环保、城管、民政等诸多部门，与宜昌市及其他部门政策的制定关联密切。考虑到该《方案》是响应宜昌市委、市政府"宜昌试验"的重大举措，其制定需求急迫，社会效益较高，对人群健康也多是正向影响，在现有条件下确定采用综合性程度较低的评估方法进行快速评估（见表5-4）。

表5-4　范围界定评价结果汇总

问题	回答/理由	选择适宜评估工具等级的指导	评估工具的综合性程度判断	
			高	低
政策变动的幅度大不大？	不大	变更幅度越大，工具的综合性应该越高		√
政策变动是否对健康产生有重大的潜在影响？	否	潜在健康影响越重大，不确定性等级越高，工具的综合性应该越高		√
政策变动的需求是不是很急迫？	是	如果紧迫性相对较高，则可以选择综合性较低的工具		√
是否与其他政策制定的时间设置相关？	是	如果时间设置与其他政策的制定关联密切，且时间表安排紧张，则可以选择综合性较低的工具		√
政策变动的经济社会发展利益水平有多高？	较高	经济社会发展利益水平越高，工具的综合性应该越高	√	
是否有其他的政治考虑？	否	政策变动的政治复杂性越高，工具的综合性应该越高		√
公众利益水平有多高？	较高	政策变动的公众利益水平越高，工具的综合性应该越高	√	
政策变动是否存在"机会窗口"？	否	考虑是否存在"机会窗口"（即好时机、货币流通、政策支持）。如果"机会窗口"即将关闭，可以选择综合性较低的工具	√	
是否有健康影响评价人力资源支持？	有	资源水平越高，工具的综合性应该越高		√
是否有健康影响评价资金？	否	资金支持水平越高，工具的综合性应该越高		√

（三）实施评估

健康影响评价快速评估采用文献研究法、专家咨询法进行。

1. 文献研究法

（1）在"中国知网"上对国内学者近 3 年来关于生态市民、大型活动交通安全、废旧利用等的重要文献及资料进行检索，寻求开展相关活动的经验以及对相关问题的解决办法。

（2）向西陵区相关部门（包括区宣传部、教育局、交通大队等）收集既往西陵区开展"生态市民建设"资料。从媒体宣传，社会动员，各部门行动，废旧回收，环境保护，交通安全以及对居民个体、家庭等的影响等方面，了解既往存在的问题。必要的时候，向相关部门人员进行咨询确认。

2. 专家咨询法

根据文献研究，专家工作组围绕该《方案》所涉及的因素进行影响评估，并对相关部门提出修订建议。

（四）报告和建议

1. 健康影响评价专家工作组经过查阅资料和向相关人员咨询发现，《方案》实施可能会在以下方面对健康产生影响

（1）交通安全方面：《方案》涉及现场活动的组织，尤其是"生态市民日"等大型主题活动和各类现场公益活动。现场活动的特点是短时间内聚集人员多，人流、车流密度大，在周围道路上容易引起交通流高峰、噪声污染等，既可能影响人群出行方式以及出行安全，也可能影响周围居民生活质量。

（2）"旧衣物"回收方面：《方案》涉及"旧衣物"回收和循环使用问题。这个问题涉及人力资源、"衣物箱"投放以及后期"回收、清理、清洗、消毒和运输发送"等环节，如果不能早期设计和及时把控，有可能会造成一定的社会管理压力和环境污染，甚至可能会对相关人员的健康产生影响。西陵区自 2015 年始开展实施"衣旧情深"项目，共投放了 52 个"衣物箱"，每月回收"旧衣物"达 2.13 吨。对于回收旧衣物经过筛查分类，对于可再穿用衣物，运送至襄阳共展志愿服务中心，使用清洗油清洗、臭氧消毒后，发往宜昌、四川凉山、湖北房县等；对于不可再穿衣物，则加工生产为工业路基布、无纺布，产生利润回馈贫困学生、养老院或组织公益活动。西陵区在涉及"旧衣物"回收人力和经费贴补方面既往做了一定的努力，但是对于"衣物箱"的配置以及"旧衣物"清理、清洗等相关环节的跟踪、把控以及责任的明确，还需要进一步加强。

2. 健康影响评价专家工作组意见

（1）针对大型现场活动期间所可能产生的交通安全问题，建议要事先做好安全应急预案，明确各相关部门的职责，采取安全应急措施。

（2）针对"旧衣物"回收方面所可能产生的问题，建议对"衣旧情深"项目进行梳理，加强对"衣物箱"布设点的跟踪以及清洁管理，追踪并明确"旧衣物"回收利用各环节的

责任，预防健康相关问题的产生。

（3）针对《方案》效果的评价，建议进一步明确量化指标以及"生态市民"建设的目标，定期进行监测评估。效果评估指标可利用区宣传部已确定的指标体系，进行完善。已有指标为：

①"生态市民"知晓率：辖区居民知晓"生态市民"这一名词的人数和总人数的比例。

②生态公益活动参与率：辖区居民参与"生态市民"建设公益活动和总家庭户数的比例（按家庭数统计）。

③"争做生态好市民承诺书"签约率：辖区居民签订"争做生态好市民承诺书"户数和总户数的比例。

④生态市民建设宣传覆盖率：通过各种宣传教育方式传播"生态市民"建设相关知识和内容达到的覆盖面，以覆盖户数和总家庭户数的比例衡量。

⑤社区生态公益组织组建率：辖区内建立的各类生态公益组织与社区个数的比。

（4）"生态市民"建设是一项长期工作，除了有政策保障之外，建议补充经费保障。

（五）公众参与度评估

为了向公众介绍《方案》，了解公众对《方案》的关心程度、所持态度及公众的意见和建议，使《方案》更易被公众接受，在本次健康影响评价中还通过问卷调查法开展公众参与度评估。

1. 调查对象

包括该《方案》实施区域内的居民、居委会人员、企事业单位职工及教师、学生家长等，确保公众参与评估结果的代表性。

2. 调查内容

包括个人信息（性别、年龄、职业等）、对《方案》的知晓情况、支持情况及建议。

3. 评估结果

本次调查共发出个人调查表 80 份，收回 78 份，回收率 97.50%。反馈结果显示：市民均知晓"生态市民"建设这一工程，并且支持《方案》的出台。

六、开展健康影响评价的效果

健康影响评价专家工作组通过资料查阅和集中讨论，从环保、卫生、教育、安全等方面，对《方案》进行了健康影响评价，并提出修改建议和意见。

《方案》起草方——西陵区委宣传部根据健康影响评价建议和意见，对《方案》进行了修改完善。具体内容如下：

（1）在《方案》基础上，区政府补充制定针对"生态市民"建设大型主题活动的安全应急预案。

（2）在"生态市民建设的保障措施"的"加大法规保障力度""加大督察考核力度"条目中，强调加强各相关部门的执法和监督力度，鼓励广大居民参与监督。同时增加"加大多元投入力度"条目。将生态市民建设工作经费纳入财政预算予以保障。通过购买服务、项目补贴、志愿服务券、社会捐助等多种方式，鼓励和引导社会力量参与生态市民建设。统筹申报市级民生基金项目，积极争取国家、省相关项目资金支持。

（3）在"生态市民建设的主要目标"中增加"效果评价指标"，利用已有的"五率"，即生态市民知识知晓率、生态公益活动参与率、"争做生态好市民承诺书"签约率、生态市民建设宣传覆盖率、社区生态公益组织组建率来评价"生态市民"建设效果。同时对指标计算方法进行了完善，并以2016年情况为基线，设立年度目标，见表5-5。

表5-5　西陵区"生态市民""五率"年度目标（2016—2020年）　　　　　单位：%

指标名称	目标值	2016年（全面启动年）	2017年（深入推进年）	2018年（深入推进年）	2019—2020年（成果巩固年）
"生态市民"知晓率	>90	75.73	85.08	—	>90
生态公益活动参与率	>90	63.26	75.76	—	>90
"争做生态好市民承诺书"签约率	>90	65.55	71.88	—	>90
生态市民建设宣传覆盖率	100	91.96	97.37	—	100
社区生态公益组织组建率	100	81.01	89.87	—	100

注：①"生态市民"知晓率：知晓"生态市民"的人数除以辖区居民人数。根据《生态好市民》教材、《生态家庭手账》、"生态市民"建设资料发放覆盖的家庭数量和覆盖的人口数量进行估算。
②生态公益活动参与率：参与"生态市民"建设公益活动家庭户数除以辖区家庭户数。根据区委区政府、区直各部门、各学校、各街道、各社区全年开展的生态活动次数，活动参与人数进行估算。
③"争做生态好市民承诺书"签约率：已签约户数除以辖区家庭户数。根据各街道、各社区设置的签名墙、印制的《争做生态好市民承诺书》签订的家庭数量进行估算。
④生态市民建设宣传覆盖率：宣传覆盖户数除以辖区家庭户数。通过"生态市民"建设资料、文明西陵微信公众号、各街道社区微信公众号、各部门微信公众号宣传覆盖的户数进行估算。
⑤社区生态公益组织组建率：社区生态组织数除以社区个数。根据辖区内建立生态公益组织的情况进行计算。生态公益组织含已在民政局登记的社会组织和未在民政局登记的社会组织。

《西陵区"生态市民"建设实施方案》（修改版）最终获得西陵区人民政府审核通过，最终正式出台了《西陵区"生态市民"建设实施方案》。

（刘继恒　徐勇　徐静东撰写　史宇晖点评）

【案例三】江西省赣州市于都县贡江南岸景观工程建设规划方案的健康影响评价

【案例点评】

　　本案例为江西省赣州市于都县人民政府对本地重大工程项目规划进行健康影响评价的探索。为塑造于都县"一江两岸"城市核心景观，将贡江南岸路堤景观打造成贡江新区城市建设的一大亮点，并使其承载健康文化主题公园的功能，于都县基于贡江南岸第一期景观工程建设的理念和成果，提出《于都县贡江南岸第二期景观工程建设规划方案》，并开展健康影响评价。由于该建设规划涉及城市发展战略，与当地居民工作、生活息息相关，是一项民生工程，涉及城市文化建设、居民健康和休闲娱乐、多部门间的协作等，受到当地政府和市民的关注。

　　在《建设规划方案》中，健康元素是一项重点考虑内容，如何最大化其正面健康影响，最小化负面健康影响，是健康影响评价的主要目的。本次健康影响评价中，重点对工程项目实施过程中可能涉及的施工安全、环境污染及噪声以及道路安全等因素进行了评估，同时评估了项目规划对健康元素的设计考虑。

　　针对当地重大工程项目的评估，除了环境影响方面的审批外，对居民健康的影响也是一个重要评估内容，宜采取综合性手段进行评估。该案例中，由于健康影响评价人力技术资源以及资金的有限，限制了其对评估方法的选择，其他地区在借鉴案例时需要考虑这一问题。另外，工程项目实施后的监测，也是健康影响评价需要加以考虑和设计的内容。

　　本案例中已基本呈现了健康影响评价的核心步骤，为我国开展工程项目健康影响评价提供了参考依据和借鉴经验。

一、案例背景

　　2015 年，于都县委县政府以创建全国首批健康促进试点县为切入点，依托贡江南岸第一期景观工程建设，将健康元素、运动功能、自然美景巧妙融为一体，在县域贡江南岸打造了一个长约 1.2 公里，占地面积 163 亩的健康文化主题公园，规划建设了健康四大基石、健康步道、自行车骑行道、健康文化长廊、生命墙、木桩步道、健康理念牌、健康知识宣传栏和健康亭阁等健康板块，为全县人民健康文化生活和休闲健身提供了一个非常好的平台。

2017 年 3 月，贡江南岸景观工程建设单位——于都县国资公司草拟《于都县贡江南岸第二期景观工程建设规划方案》（以下简称《建设规划方案》），拟延伸健康文化主题公园一期建设理念和成果，并在突出健康元素、力求寓教于乐、加大知识传播等方面进行扩展，将贡江南岸路堤景观打造成贡江新区城市建设的一大亮点，在塑造"一江两岸"城市核心景观的同时，承载健康文化主题公园的功能。

于都县人民政府将县国资公司草拟的《建设规划方案》提交至县"健康促进委员会"进行健康影响评价，预估其可能产生的健康和社会影响。由于该建设规划涉及城市发展战略，与当地居民工作、生活息息相关，是一项民生工程，故由"健康促进委员会常设办公室"（设在县政府办，以下简称常设办公室）牵头负责实施健康影响评价。

二、组建健康影响评价工作网络

常设办公室组织来自市规划设计院、县环保局、县法制办、县体育局、县财政局、县城乡规划建设局、县旅游局、县文广局、县城管局、县国资公司、县卫计委等部门的 11 名专家，组成《于都县贡江南岸第二期景观工程建设规划方案》健康影响评价专家工作组。负责提供技术支持。

该《建设规划方案》由于都县国资公司负责起草，且以建设规划问题为主，故本次健康影响评价中由县国资公司负责具体实施及相关资料收集工作，县国资公司办公室与常设办公室进行对接和协调。

三、开展健康影响评价工作

在实施健康影响评价之前，县国资公司向健康促进委员会常设办公室提交备案申请，填报《于都县健康影响评价备案登记表（试行）》，并向常设办公室一并提交《于都县贡江南岸第二期景观工程建设规划方案》文本，由常设办公室秘书科接收备案登记表。

健康影响评价专家工作组完成健康影响评价技术评估后，评估结果提交至常设办公室备案，并由常设办公室提交至《建设规划方案》起草方——于都县国资公司。县国资公司根据健康影响评价专家工作组意见，修改完善《于都县贡江南岸第二期景观工程建设规划方案》，并填报《于都县健康影响评价结果备案表（试行）》，一并将修改版《于都县贡江南岸第二期景观工程建设规划方案》文本提交至常设办公室，由常设办公室批示。最后将健康影响评价报告和建议、修改文本提交至于都县健康促进委员会、于都县人民政府，供最终决策使用。

四、实施健康影响评价技术评估

按照筛选、范围界定、实施评估、报告和建议四个步骤实施健康影响评价的技术评估工作。

（一）筛选

2017 年 3 月 25 日，《建设规划方案》健康影响评价专家工作组（11 人）和 9 名可能受该方案影响的人群代表（贡江镇楂林村书记兼主任、附近居民、土地被征迁人员、龙门寺住持）共 20 人，通过对筛选清单打钩评定和讨论共同完成筛选工作。具体结果见表 5-6。

表 5-6　健康影响评价工具——筛选清单评价结果汇总

问题	回答（人数）		回答的确定性等级（人数）		
	是	否	高	中	低
拟议政策的变更，是否可能产生正面的健康影响？	20	0	20	0	0
拟议政策的变更，是否有可能产生负面的健康影响？	6	14	7	8	5
潜在的负面健康影响是否会波及很多人？	2	18	10	10	0
潜在负面健康影响是否会造成死亡、伤残或入院风险？	0	20	12	8	0
对于弱势群体而言，潜在的负面健康影响是否会对其造成更为严重的后果？	0	20	20	0	0
大众或社区对政策变动产生的潜在健康影响是否有一定的关注？	20	0	20	0	0

筛选结论如下：

（1）由于该《建设规划方案》的执行是一项社会公共资源的公益性建设，是当地"重大工程项目"，涉及城市文化建设、居民健康和休闲娱乐、多部门间的协作等，受到当地政府和市民的关注，对此进行健康影响评价，将有助于最大程度地发挥《建设规划方案》中有益于健康的设计元素作用，最小化可能存在的负面影响。

（2）该方案执行过程中，涉及环境污染及噪声、施工安全、工程周围的基建、道路交通危险性 4 项健康决定因素，并可能对当地居民产生一定的健康影响。针对该《建设规划方案》的健康影响评价将从这些方面进行考虑。

（二）范围界定

2017 年 4 月 8 日，健康影响评价专家工作组和居民代表（共 20 人）对健康影响评价范围界定清单进行打勾评定，并讨论确定健康影响评价的等级，具体结果见表 5-7。

由于该《建设规划方案》对居民健康可能产生较大潜在正面影响，且产生较大社会效益，具有较高公众利益水平，但由于缺乏健康影响评价的人力资源和财力资源，在现有条件下确定采用综合性程度较低的评估方法进行快速评估。

表 5-7 健康影响评价工具——范围界定评价结果汇总

问题	回答（人数）		选择适应评估工具等级的指导	评估工具的综合性程度判断	
	是	否		高	低
政策变动的幅度大不大？	11	9	变更幅度越大，工具的综合性应该越高	11	9
政策变动是否对健康产生有重大的潜在影响？	20	0	潜在健康影响重大，不确定性等级越高，工具的综合性应该越高	20	0
政策变动的需求是不是很急迫？	9	11	如果紧迫性相对较高，则可以选择综合性较低的工具	11	9
是否与其他政策制定的时间设置相关？	1	19	如果时间设置与其他政策的制定关联密切，且时间表安排紧张，则可以选择综合性较低的工具	20	0
政策变动的经济社会发展利益水平有多高？	20	0	经济社会发展利益水平越高，工具的综合性应该越高	20	0
是否有其他的政治考虑？	5	15	政策变动的政治复杂性越高，工具的综合性应该越高	5	15
公众利益水平有多高？	20	0	政策变动的公众利益水平越高，工具的综合性应该越高	20	0
政策变动是否存在"机会窗口"？	6	14	考虑是否存在"机会窗口"（即好时机、货币流通、政策支持）。如果"机会窗口"即将关闭，可以选择综合性较低的工具	14	6
是否有健康影响评价人力资源支持？	3	17	资源水平越高，工具的综合性应该越高	0	20
是否有健康影响评价资金？	3	17	资金支持水平越高，工具的综合性应该越高	0	20

（三）实施评估

2017 年 4 月 21 日，健康影响评价专家工作组通过专题讨论形式，基于于都县现有景观工程、公共健康资产和资源、水体、土地、基础公共建设设施、公园等情况，对该《建设规划方案》执行的必要性以及可能产生的健康负面影响进行评价，并提出建议。

（四）报告和建议

专家一致认为：于都县现有公共资源建设均在贡江北岸，贡江南岸为新区，越来越多居民、学校迁至南岸，依江而建路堤文化、健康景观工程，对提升城市品位、完善城市功能、丰富滨水景观带的休闲娱乐及旅游服务内容和设施，改善周边交通以及提高居民健康意识，使居民采纳健康生活方式，十分有意义。

然而，该《规划建设方案》在下列方面存在问题：

（1）二期景观工程建设规模大，涉及路线长，对施工所致尘土、噪声污染等问题没有给予考虑，有可能影响施工工人的职业安全，并给居民生活及出行带来不便。

（2）道路安全方面考虑欠缺，如龙门山地理位置高，登山步道两边未设置护栏；健康步道的路线未考虑周边交通环境、步道路面铺设材料的耐热耐寒性能等，均可能造成安全隐患。

（3）针对二期工程设计中突出健康元素、力求寓教于乐、加大知识传播等特色扩展，在景观设计上层次不明显，重点欠突出。

基于以上问题，健康影响评价提出以下建议：

（1）贡江南岸景观工程为本地居民健康休闲娱乐提供了场地，为游客领略滨水景观以及旅游开发提供了一条路径，是一项民生工程，也有益于发展本地经济。在项目执行中，要强化政府主导、部门联合、加强监管、各负其责的机制，既实现城市规划目标，也实现公众受益的目标。

（2）明确工程中各功能分区，并将健康元素与健康知识传播有机结合进各功能分区之中。可以根据不同人群进行功能分区，休闲娱乐及运动设施布局应具有针对性和知识传播功能。

（3）针对该工程项目，应制定具体实施方案，并就以下方面进行落实：①明确施工方对工人安全的主体责任，包括饮食住宿安全、职业安全等；②要求施工方在工程实施过程中，采取相关措施控制建筑施工扬尘；③根据居民出行及作息规律，合理设置施工时间；④龙门山登山步道的布设依其地势，但步道不宜过高，步道旁设置护栏；⑤在可能发生危险的地方设置安全提示牌，如小心路滑、防止溺水、老人不宜等友情提示；⑥针对公园内各种设施，配备简单使用说明和注意事项提示，引导居民正确使用。

五、开展健康影响评价的效果

健康影响评价专家工作组基于各自专业领域，结合于都县现状和贡江南岸第一期景观工程实际运作情况，通过充分讨论，对《于都县贡江南岸景观工程规划建设方案》进行了健康影响评价，并提出修改建议和意见。

《建设规划方案》起草方——于都县国资公司根据专家工作组建议和意见，对《于都县贡江南岸景观工程规划建设方案》进行了修改完善。具体内容如下：

（1）在《建设规划方案》第三点中增加：以贯穿整个路堤的"绿色通道"即自行车跑道为主线，将二期工程分为少儿、中青年、老年三个板块，配合相应的健康主题文化内容，建设儿童乐园、亲民活动广场、健康体验区、自行车跑道、登山步道、眺望平台和养生长廊等，在各板块内部及板块间，设计健康知识长廊、健康宣传栏、健康明示标牌等，以局域、块面、群组表现健康景观。

（2）对居民休闲娱乐及健身场所进行增设、扩充或完善，如龙门夜雨广场、古戏台、茶话亭、阶梯广场、龙门山景观（含登山步道、观景平台）、莲花广场、戏台广场、木栈道、骑行道、望塔广场、濂溪书院等。

（3）将《建设规划方案》中龙门山登山步道 2 300 米改为 1 600 米，并在两旁设置防护栏，每 50 米设 1 块"健康理念"牌，宣传运动等健康相关知识。

（4）强化工程方的保障施工安全主体责任，确保整个施工过程安全。

（张小芳　方丽君　万德芝撰写；史宇晖点评）

【案例四】上海轨道交通 15 号线闵行区段健康影响评价

一、健康影响评价背景

"空间相关疾病"对人们的身体健康的威胁与日俱增，相关研究表明建成环境对于呼吸系统疾病、肥胖、心理健康等疾病有影响。城市建成环境作为人类活动的载体集合了大量外部空间要素，道路交通、城市形态、土地利用等要素都有可能对人体健康产生直接或间接的影响。因此，不可否认规划与公众健康具有内在的联系，城市规划能够成为而且也确实是健康结果的作用者和首要预防措施。为了更好地评估及预测政策或项目的健康影响，规划师开始在城市规划领域使用健康影响评价方法以分析规划政策、开发项目等对于公共健康的影响途径和效果。

根据世界卫生组织（World Health Organization，WHO）的官方定义，健康影响评价（Health Impact Assessment，HIA）是评判一项政策、计划或者项目对特定人群健康的潜在影响以及这些影响在该人群中分布的一系列相互结合的程序、方法和工具。具体地说，健康影响评价试图提供信息来使决策者加强对特定项目、计划或政策的正面健康影响，也减少（或消除）任何相关的负面影响。健康影响评价起初是环境影响评价的一部分，诞生于20 世纪 60 年代的美国，随后于 70 年代末被引入中国。经过半个世纪的发展历程，环境影响评价制度已日臻完善。而健康影响评价作为独立影响评估方法的应用还处于早期阶段。20 世纪 90 年代至今，欧盟、美国、新西兰等国家和地区开始建立并实施了健康影响评价制度，将其应用于政策和项目中，其理论研究也在不断推进。

在评估程序方面，健康影响评价的程序大体相同，仅在细节和精细度方面存在区别。亚洲开发银行（Asian Development Bank，ADB）和 Birley 提出的步骤包括：筛选项目，寻找可能产生的健康危害和后果；界定潜在的健康影响范围，并进一步考虑健康风险和机会；完成完整的健康影响评价，根据三大要素（包括环境、弱势群体情况以及健康保护机构的能力）识别健康危害，评估健康风险。众多研究者在此基础上对评估步骤和程序进行了细化、提炼等修进。总体而言，健康影响评价的基本步骤相似，主要差异在筛选、范围界定和评估之后，即得到评估基本结论后所采取的措施。

在评估分析方法方面，对规划方案的健康影响评价可采用定性、定量两种分析方法。定性分析主要对健康影响的可能性、影响的本质及范围等进行预测，常常结合专业人员的经验、访谈和调查问卷完成。常见的定量分析方法有阈值分析、矩阵分析等。大部分健康影响评价实践会同时包含定量与定性两类分析方法。

在应用方面，自 2000 年起欧美开始广泛将健康影响评价运用于城市规划实践中。美国、英国、荷兰、爱尔兰、芬兰、瑞士、瑞典、西班牙等国都展开了健康影响评价的实践。在过去的 20 年中，这些国家开展了大量针对项目和政策的健康影响评价。其中大量健康影响评价已脱离环境影响评价而独立进行，尤其是针对城市开发项目、公共交通项目的健康影响评价。其中包括英国伦敦交通战略草案、英国爱丁堡交通规划、美国亚特兰大市环线复兴项目、美国费城下南区开发项目等。在亚洲、南美和非洲地区，一些开发银行对大型开发项目进行了健康影响评价，推动了健康影响评价的实践和发展。在泰国，国家健康协会于 2009 年建立了健康影响评价机制，要求针对若干类型的开发项目完成健康影响评价。在泰国的健康影响评价框架中，文化、历史、精神也被视为健康的重要因素。老挝、柬埔寨等国的政府也在健康影响评价方面作出了一些规定和尝试（如老挝南屯 II 水电站项目健康影响评价）。澳大利亚和新西兰则已完成了若干针对健康城市规划的健康影响评价，其中包括了国家层面、地区层面和地方层面多个级别。

我国健康影响评价工作尚处于初级阶段，将其作为环境影响评价的一部分，是当前的一种实践形式。我国 1979 年确立环境影响评价制度，2003 年实施《中华人民共和国环境影响评价法》确立了环境影响评价的法律地位；2005 年 12 月国家环境保护总局着力制定了《环境影响评价技术导则——人体健康》，并将健康影响评价称为人体健康评价（Human Health Assessment），认为它是建设项目环境影响评价、区域评价和规划环境评价中用来鉴定、预测和评估拟建项目对于项目影响范围内的特定人群的健康影响（包括有利和不利影响）的一系列评估方法的组合（包括定性与定量），但迄今这一技术导则尚未正式颁布，由于目前我国环境影响评价的范围主要集中于对空气、水、声环境的影响预测和评估，对健康影响的预测评估普遍缺失或十分薄弱。

总体来说，我国健康影响评价在制度、内容、方法、人员及实践方面尚处于不完善阶段；导致许多建设项目健康风险没有被准确评估、污染控制措施缺乏针对性。在此背景下，同济大学健康城市实验室开展了国内国际健康影响评价的案例探索，分别在法国斯特拉斯堡和中国上海，针对轨道交通线路建设的健康影响进行评估。

二、案例基本信息

上海市拟建设轨道交通 15 号线，是上海轨道交通路网中一条在建的南北走向重要交通线，预计于 2021 年开通试运营。路线起于城市西北部的宝山顾村公园站，途经宝山、普陀、长宁、徐汇、闵行 5 个行政区，穿越了中心城中的真如副中心、徐家汇副中心，止于城市西南部的上海紫竹高新技术产业开发区，共设 30 站，拥有 10 座换乘站（见图 5-3）。

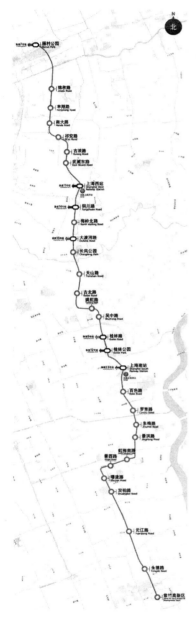

15 号线主要经过的地段均为区域内的中心居住区、商业区等人口密集区域，将在宝山区、中心城区及闵行区的发展建设过程中发挥积极作用，体现交通设施对城市开发的先导作用，引导城市用地开发和城市空间的合理布局。该线对改善本市西部地区南北向交通，支撑重点地区开发建设，加强城市西部内外环线之间的轨道服务，带动沿线区域发展，汇集并转换沿线相交轨道路线客流，均衡路网客流均有着较强的作用。根据《上海市城市总体规划（1999—2020）》，15 号线对其金融、购物、文化、娱乐、旅游等功能具有较好的协调和辅助作用，并且有效带动了沿线的活动、经济发展以及周边居民的出行。

本案例选择闵行区内的 9 个站点作为健康影响评价对象，将欧美的健康影响评价方法应用到中国的具体建设项目的评价实践中，探索轨道交通项目带来的健康影响方式和水平，实验验证健康影响评价方法的可行性。

图 5-3　轨道交通 15 号线走向及站点示意图
资料来源：http://www.shmetro.com/

三、案例评估内容和步骤

首先选取中国上海轨道交通 15 号线闵行区段项目作为评估对象，构建健康影响评价基本框架，包含筛选、范围界定、评估和建议四个环节（见图 5-4，表 5-8）。

筛选阶段快速对项目或政策的健康相关问题的广度和严重程度进行简单检查，通过筛选标准评分完成对健康影响评价必要性的检测，以确定项目或政策是否需要健康影响评价。

范围界定意味着确定关键健康问题并厘清工作边界，设定需要研究的健康影响要素与指标。首先列出健康影响要素范围，在考虑健康影响评价要素的选取原则的同时借鉴了类似轨道交通项目健康影响评价案例的指标选择，对本案例健康影响评价的指标作出选择，包括：①可达性；②体力活动习惯；③环境状况，并提出各评估要素的数据收集及分析思路。

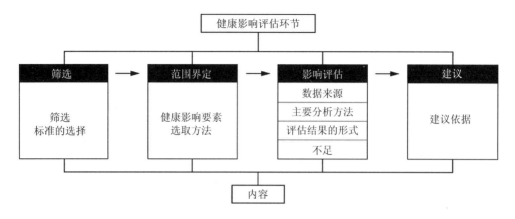

图 5-4　本案例健康影响评价方法框架

表 5-8　本案例健康影响评价方法内容

项目名称	筛选标准	范围界定方法	影响评估方法	建议依据
上海轨道交通 15 号线闵行区段项目	使用"为健康设计"机构列出的快速筛选清单打分。通过所得分数决定健康影响评价的必要性以及需要局部评估还是整体评估	选择与项目内容密切关联的健康影响要素。尽量选取能够测量的健康影响要素。借鉴类似项目健康影响评价案例的健康影响要素选择	GIS 缓冲区分析、健康经济测量工具、文献分析等	根据评估结果以及相关文献中可以积极促进健康影响要素的研究提出建议

　　之后对轨道交通 15 号线闵行区段开展健康影响评价实践。为了获得更具体的定量数据和更真实的定性数据，笔者进行了问卷调查，包括受访对象的基本情况、身体活动习惯、出行方式以及轨道交通 15 号线的相关评价情况。尝试从可达性、身体活动习惯和环境状况 3 个角度出发，在详细说明各健康影响要素与健康以及项目本身所存在紧密关联的前提下，分别通过 GIS 缓冲区分析、健康经济测度工具等手段完成各健康影响要素的定性或定量健康影响分析，并在获得健康影响结果之后提出相应的改进建议。

　　在可达性方面，轨道地铁 15 号线的建设，将显著提升周边区域居民的出行能力及各种设施的服务范围（见图 5-5）。其中可达性影响研究包括：①结合问卷调查和服务范围的合理划定，进行了居民出行能力影响分析。计算出可以作为延伸部分的新服务对象的居民数量。②通过已有步行行为研究划定 20 分钟的出行时间为上限的 GIS 缓冲区，进行了公园可达性影响分析。③进行基于服务范围的 1 000 米医疗设施可达性影响分析。

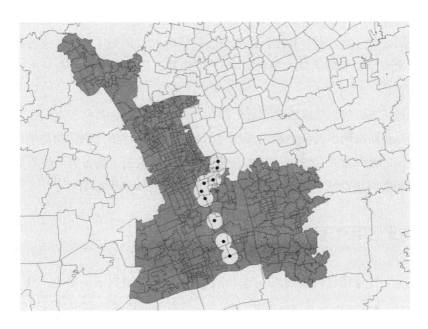

图 5-5　闵行区内新建 15 号线站点周边 1 000m 影响范围示意图

在体力活动方面，已有研究证明公共交通与体力活动密切关联。更多的公共交通建设可以大大增加运动的机会，大多数需要公共交通的出行都包括出发地到车站和从车站到目的地的步行，人们在换乘过程中也会发生步行运动。其中体力活动影响研究进行了体力活动影响分析。使用了世界卫生组织开发的健康经济测量工具（Health Economic Assessment Tool）来分析其效益，将其表征为死亡影响与死亡影响的经济价值。

在环境影响方面，地铁项目作为低污染、高效率的绿色交通方式会对区域的环境产生积极作用。轨道交通 15 号线的建设具有改善城市环境的潜能。其中环境影响研究包括：①空气质量影响分析，考虑施工污染和建成后出行方式的改变，通过调研数据的趋势外推和相关标准分析，研究得出通勤方式变化能减少大量的二氧化碳排放量。②噪声影响分析，对施工期和运营期两个阶段分别进行分析，判别对声环境的污染程度。

四、案例评估结果

通过对可达性、体力活动和环境影响的评估，可以得出如下几个关键性结论。

（1）地铁 15 号线的建设将提升 14 万居民的出行能力，给他们带来绿色经济的交通出行选择；但对于区域内健康服务设施和绿地公园的可达性毫无影响。

（2）体力活动方面，地铁的建设将带来更多的步行活动，体力活动的增加将预防每年 5 起死亡。在 10 年内，将累计为政府节省最多 21.5 亿元的健康问题开支。

（3）环境方面，根据问卷结果将有九千多名目前使用私家车通勤的市民选择改变通勤模式转而使用公共交通，年二氧化碳排放量的将减少 12 446 吨（仅包含紫竹高新区内的工作者情况，全市范围实际的减少量会更多）。但地铁的施工和运营都会对声环境造成负面作用。

总体来说，地铁 15 号线的建设对于闵行区公共健康而言具有一定的积极作用，主要体现为改善周边居民的出行能力以及增加使用公共交通出行所带来的身体活动、减少小汽车尾气排放量。城市公共交通项目与公共健康是密切相关的，具备影响城市健康水平的潜在能力。在规划和建设城市交通项目的同时也应考虑到其健康影响后果。

五、结果应用及建议

为了进一步优化项目健康效益、提升市民健康水平，减轻不良影响，从上海 15 号线（闵行段）健康影响评价结果可以看出，轨道交通对于健康的影响可以通过以下措施进一步进行改善：

（1）加强地铁站点与目的地的联系效率有助于使更多市民乘坐地铁出行。建议进一步完善地铁站点与人口集聚区域的联系程度，通过接驳巴士、公共自行车等手段加强地铁站点与就业集聚区、大型居住区的联系。通过公交巴士等方式加强地铁站点与大型公园绿地、区域医疗中心的交通联系，加强与健康相关的城市空间可达性。

（2）通过改善步行环境（如绿化、铺地、街道照明、指示）、提升电车站点附近的道路连通度、增加电车站点附近的商业开发强度等措施，可以促使更多人采用"步行+轨道交通"的出行方式，鼓励更多的步行活动量以达到进一步改善健康状况的目的。

（3）加强宣传轨道交通带来的好处，通过票价优惠、提升发车频率等手段提升轨道交通吸引力。进一步鼓励市民使用包括轨道交通在内的公共交通出行，减少小汽车使用频率，减少空气污染。

（4）选择在环境噪声较高的时段进行高噪声、高振动施工，会产生大量噪声的工作安排在工作日间。工地周围设置围墙以减少施工噪声影响。科学规划建筑物的布局，在车站风亭、冷却塔声防护距离范围内，不宜新建、扩建学校、医院、居民区等敏感建筑；临近风亭、冷却塔的建筑宜规划为商业、办公用房等非噪声敏感建筑。尽量减少施工给周边居民带来的不良影响。

对于地铁 15 号线的健康影响评价，可以得出城市公共交通项目与公共健康是密切相关的，具备影响城市健康水平的潜在能力。主要体现为改善周边居民的出行能力以及使用公共交通出行所带来的体力活动增加与小汽车尾气排放量的减少。

在评估方法方面，欧美的健康影响评价方法基本适用于中国的开发项目，其框架、筛选方法、范围界定原则以及主要风险评估思路大致相同。但在数据获取的难易度和权威性以及风险评估操作细节方面存在差异，健康影响评价在中国的使用需要更多考虑本地的实际情况。综上所述，我国健康影响评价应在已有经验基础上，积极展开实证研究，推动指标的本地化，推动城市发展规划与决策中对于健康的考虑和关注。

（王兰　蔡纯婷　蒋放芳撰写　卢永审核）

附录一　国内相关政策

"健康中国 2030" 规划纲要

序言

健康是促进人的全面发展的必然要求，是经济社会发展的基础条件。实现国民健康长寿，是国家富强、民族振兴的重要标志，也是全国各族人民的共同愿望。

党和国家历来高度重视人民健康。新中国成立以来特别是改革开放以来，我国健康领域改革发展取得显著成就，城乡环境面貌明显改善，全民健身运动蓬勃发展，医疗卫生服务体系日益健全，人民健康水平和身体素质持续提高。2015 年我国人均预期寿命已达 76.34 岁，婴儿死亡率、5 岁以下儿童死亡率、孕产妇死亡率分别下降到 8.1‰、10.7‰和 20.1/10 万，总体上优于中高收入国家平均水平，为全面建成小康社会奠定了重要基础。同时，工业化、城镇化、人口老龄化、疾病谱变化、生态环境及生活方式变化等，也给维护和促进健康带来一系列新的挑战，健康服务供给总体不足与需求不断增长之间的矛盾依然突出，健康领域发展与经济社会发展的协调性有待增强，需要从国家战略层面统筹解决关系健康的重大和长远问题。

推进健康中国建设，是全面建成小康社会、基本实现社会主义现代化的重要基础，是全面提升中华民族健康素质、实现人民健康与经济社会协调发展的国家战略，是积极参与全球健康治理、履行 2030 年可持续发展议程国际承诺的重大举措。未来 15 年，是推进健康中国建设的重要战略机遇期。经济保持中高速增长将为维护人民健康奠定坚实基础，消费结构升级将为发展健康服务创造广阔空间，科技创新将为提高健康水平提供有力支撑，各方面制度更加成熟更加定型将为健康领域可持续发展构建强大保障。

为推进健康中国建设，提高人民健康水平，根据党的十八届五中全会战略部署，制定本规划纲要。本规划纲要是推进健康中国建设的宏伟蓝图和行动纲领。全社会要增强责任感、使命感，全力推进健康中国建设，为实现中华民族伟大复兴和推动人类文明进步作出更大贡献。

第一篇　总体战略

第一章　指导思想

推进健康中国建设，必须高举中国特色社会主义伟大旗帜，全面贯彻党的十八大和十八届三中、四中、五中全会精神，以马克思列宁主义、毛泽东思想、邓小平理论、"三个代表"重要思想、科学发展观为指导，深入学习贯彻习近平总书记系列重要讲话精神，紧紧围绕统筹推进"五位一体"总体布局和协调推进"四个全面"战略布局，认真落实党中央、国务院决策部署，坚持以人民为中心的发展思想，牢固树立和贯彻落实新发展理念，坚持正确的卫生与健康工作方针，以提高人民健康水平为核心，以体制机制改革创新为动力，以普及健康生活、优化健康服务、完善健康保障、建设健康环境、发展健康产业为重点，把健康融入所有政策，加快转变健康领域发展方式，全方位、全周期维护和保障人民健康，大幅提高健康水平，显著改善健康公平，为实现"两个一百年"奋斗目标和中华民族伟大复兴的中国梦提供坚实健康基础。

主要遵循以下原则：

——健康优先。把健康摆在优先发展的战略地位，立足国情，将促进健康的理念融入公共政策制定实施的全过程，加快形成有利于健康的生活方式、生态环境和经济社会发展模式，实现健康与经济社会良性协调发展。

——改革创新。坚持政府主导，发挥市场机制作用，加快关键环节改革步伐，冲破思想观念束缚，破除利益固化藩篱，清除体制机制障碍，发挥科技创新和信息化的引领支撑作用，形成具有中国特色、促进全民健康的制度体系。

——科学发展。把握健康领域发展规律，坚持预防为主、防治结合、中西医并重，转变服务模式，构建整合型医疗卫生服务体系，推动健康服务从规模扩张的粗放型发展转变到质量效益提升的绿色集约式发展，推动中医药和西医药相互补充、协调发展，提升健康服务水平。

——公平公正。以农村和基层为重点，推动健康领域基本公共服务均等化，维护基本医疗卫生服务的公益性，逐步缩小城乡、地区、人群间基本健康服务和健康水平的差异，实现全民健康覆盖，促进社会公平。

第二章 战略主题

"共建共享、全民健康"，是建设健康中国的战略主题。核心是以人民健康为中心，坚持以基层为重点，以改革创新为动力，预防为主，中西医并重，把健康融入所有政策，人民共建共享的卫生与健康工作方针，针对生活行为方式、生产生活环境以及医疗卫生服务等健康影响因素，坚持政府主导与调动社会、个人的积极性相结合，推动人人参与、人人尽力、人人享有，落实预防为主，推行健康生活方式，减少疾病发生，强化早诊断、早治疗、早康复，实现全民健康。

共建共享是建设健康中国的基本路径。从供给侧和需求侧两端发力，统筹社会、行业和个人三个层面，形成维护和促进健康的强大合力。要促进全社会广泛参与，强化跨部门协作，深化军民融合发展，调动社会力量的积极性和创造性，加强环境治理，保障食品药品安全，预防和减少伤害，有效控制影响健康的生态和社会环境危险因素，形成多层次、多元化的社会共治格局。要推动健康服务供给侧结构性改革，卫生计生、体育等行业要主动适应人民健康需求，深化体制机制改革，优化要素配置和服务供给，补齐发展短板，推动健康产业转型升级，满足人民群众不断增长的健康需求。要强化个人健康责任，提高全民健康素养，引导形成自主自律、符合自身特点的健康生活方式，有效控制影响健康的生活行为因素，形成热爱健康、追求健康、促进健康的社会氛围。

全民健康是建设健康中国的根本目的。立足全人群和全生命周期两个着力点，提供公平可及、系统连续的健康服务，实现更高水平的全民健康。要惠及全人群，不断完善制度、扩展服务、提高质量，使全体人民享有所需要的、有质量的、可负担的预防、治疗、康复、健康促进等健康服务，突出解决好妇女儿童、老年人、残疾人、低收入人群等重点人群的健康问题。要覆盖全生命周期，针对生命不同阶段的主要健康问题及主要影响因素，确定若干优先领域，强化干预，实现从胎儿到生命终点的全程健康服务和健康保障，全面维护人民健康。

第三章　战略目标

到 2020 年，建立覆盖城乡居民的中国特色基本医疗卫生制度，健康素养水平持续提高，健康服务体系完善高效，人人享有基本医疗卫生服务和基本体育健身服务，基本形成内涵丰富、结构合理的健康产业体系，主要健康指标居于中高收入国家前列。

到 2030 年，促进全民健康的制度体系更加完善，健康领域发展更加协调，健康生活方式得到普及，健康服务质量和健康保障水平不断提高，健康产业繁荣发展，基本实现健康公平，主要健康指标进入高收入国家行列。到 2050 年，建成与社会主义现代化国家相适应的健康国家。

到 2030 年具体实现以下目标：

——人民健康水平持续提升。人民身体素质明显增强，2030 年人均预期寿命达到 79.0 岁，人均健康预期寿命显著提高。

——主要健康危险因素得到有效控制。全民健康素养大幅提高，健康生活方式得到全面普及，有利于健康的生产生活环境基本形成，食品药品安全得到有效保障，消除一批重大疾病危害。

——健康服务能力大幅提升。优质高效的整合型医疗卫生服务体系和完善的全民健身公共服务体系全面建立，健康保障体系进一步完善，健康科技创新整体实力位居世界前列，健康服务质量和水平明显提高。

——健康产业规模显著扩大。建立起体系完整、结构优化的健康产业体系，形成一批具有较强创新能力和国际竞争力的大型企业，成为国民经济支柱性产业。

——促进健康的制度体系更加完善。有利于健康的政策法律法规体系进一步健全，健康领域治理体系和治理能力基本实现现代化。

健康中国建设主要指标

领域	指标	2015 年	2020 年	2030 年
健康水平	人均预期寿命/岁	76.34	77.3	79.0
健康水平	婴儿死亡率/‰	8.1	7.5	5.0
健康水平	5 岁以下儿童死亡率/‰	10.7	9.5	6.0
健康水平	孕产妇死亡率/（1/10 万）	20.1	18.0	12.0
健康水平	城乡居民达到《国民体质测定标准》合格以上的人数比例/%	89.6（2014 年）	90.6	92.2
健康生活	居民健康素养水平/%	10	20	30
健康生活	经常参加体育锻炼人数/亿人	3.6（2014 年）	4.35	5.3
健康服务与保障	重大慢性病过早死亡率/%	19.1（2013 年）	比 2015 年降低 10%	比 2015 年降低 30%
健康服务与保障	每千常住人口执业（助理）医师数/人	2.2	2.5	3.0
健康服务与保障	个人卫生支出占卫生总费用的比重/%	29.3	28 左右	25 左右
健康环境	地级及以上城市空气质量优良天数比率/%	76.7	>80	持续改善
健康环境	地表水质量达到或好于III类水体比例/%	66	>70	持续改善
健康产业	健康服务业总规模/万亿元	—	>8	16

第二篇　普及健康生活

第四章　加强健康教育

第一节　提高全民健康素养

推进全民健康生活方式行动，强化家庭和高危个体健康生活方式指导及干预，开展健康体重、健康口腔、健康骨骼等专项行动，到 2030 年基本实现以县（市、区）为单位全覆盖。开发推广促进健康生活的适宜技术和用品。建立健康知识和技能核心信息发布制度，健全覆盖全国的健康素养和生活方式监测体系。建立健全健康促进与教育体系，提高健康教育服务能力，从小抓起，普及健康科学知识。加强精神文明建设，发展健康文化，移风易俗，培育良好的生活习惯。各级各类媒体加大健康科学知识宣传力度，积极建设和规范各类广播电视等健康栏目，利用新媒体拓展健康教育。

第二节　加大学校健康教育力度

将健康教育纳入国民教育体系，把健康教育作为所有教育阶段素质教育的重要内容。以中小学为重点，建立学校健康教育推进机制。构建相关学科教学与教育活动相结合、课堂教育与课外实践相结合、经常性宣传教育与集中式宣传教育相结合的健康教育模式。培养健康教育师资，将健康教育纳入体育教师职前教育和职后培训内容。

第五章　塑造自主自律的健康行为

第一节　引导合理膳食

制定实施国民营养计划，深入开展食物（农产品、食品）营养功能评价研究，全面普及膳食营养知识，发布适合不同人群特点的膳食指南，引导居民形成科学的膳食习惯，推进健康饮食文化建设。建立健全居民营养监测制度，对重点区域、重点人群实施营养干预，重点解决微量营养素缺乏、部分人群油脂等高热能食物摄入过多等问题，逐步解决居民营养不足与过剩并存问题。实施临床营养干预。加强对学校、幼儿园、养老机构等营养健康工作的指导。开展示范健康食堂和健康餐厅建设。到 2030 年，居民营养知识素养明显提高，营养缺乏疾病发生率显著下降，全国人均每日食盐摄入量降低 20%，超重、肥胖人口增长速度明显放缓。

第二节　开展控烟限酒

全面推进控烟履约，加大控烟力度，运用价格、税收、法律等手段提高控烟成效。深入开展控烟宣传教育。积极推进无烟环境建设，强化公共场所控烟监督执法。推进公共场所禁烟工作，逐步实现室内公共场所全面禁烟。领导干部要带头在公共场所禁烟，把党政机关建成无烟机关。强化戒烟服务。到 2030 年，15 岁以上人群吸烟率降低到 20%。加强限酒健康教育，控制酒精过度使用，减少酗酒。加强有害使用酒精监测。

第三节　促进心理健康

加强心理健康服务体系建设和规范化管理。加大全民心理健康科普宣传力度，提升心理健康素养。加强对抑郁症、焦虑症等常见精神障碍和心理行为问题的干预，加大对重点人群心理问题早期发现和及时干预力度。加强严重精神障碍患者报告登记和救治救助管理。全面推进精神障碍社区康复服务。提高突发事件心理危机的干预能力和水平。到 2030 年，常见精神障碍防治和心理行为问题识别干预水平显著提高。

第四节　减少不安全性行为和毒品危害

强化社会综合治理，以青少年、育龄妇女及流动人群为重点，开展性道德、性健康和性安全宣传教育和干预，加强对性传播高危行为人群的综合干预，减少意外妊娠和性相关疾病传播。大力普及有关毒品危害、应对措施和治疗途径等知识。加强全国戒毒医疗服务体系建设，早发现、早治疗成瘾者。加强戒毒药物维持治疗与社区戒毒、强制隔离戒毒和社区康复的衔接。建立集生理脱毒、心理康复、就业扶持、回归社会于一体的戒毒康复模式，最大限度减少毒品社会危害。

第六章　提高全民身体素质

第一节　完善全民健身公共服务体系

统筹建设全民健身公共设施，加强健身步道、骑行道、全民健身中心、体育公园、社区多功能运动场等场地设施建设。到2030年，基本建成县乡村三级公共体育设施网络，人均体育场地面积不低于2.3平方米，在城镇社区实现15分钟健身圈全覆盖。推行公共体育设施免费或低收费开放，确保公共体育场地设施和符合开放条件的企事业单位体育场地设施全部向社会开放。加强全民健身组织网络建设，扶持和引导基层体育社会组织发展。

第二节　广泛开展全民健身运动

继续制定实施全民健身计划，普及科学健身知识和健身方法，推动全民健身生活化。组织社会体育指导员广泛开展全民健身指导服务。实施国家体育锻炼标准，发展群众健身休闲活动，丰富和完善全民健身体系。大力发展群众喜闻乐见的运动项目，鼓励开发适合不同人群、不同地域特点的特色运动项目，扶持推广太极拳、健身气功等民族民俗民间传统运动项目。

第三节　加强体医融合和非医疗健康干预

发布体育健身活动指南，建立完善针对不同人群、不同环境、不同身体状况的运动处方库，推动形成体医结合的疾病管理与健康服务模式，发挥全民科学健身在健康促进、慢性病预防和康复等方面的积极作用。加强全民健身科技创新平台和科学健身指导服务站点建设。开展国民体质测试，完善体质健康监测体系，开发应用国民体质健康监测大数据，开展运动风险评估。

第四节 促进重点人群体育活动

制定实施青少年、妇女、老年人、职业群体及残疾人等特殊群体的体质健康干预计划。实施青少年体育活动促进计划，培育青少年体育爱好，基本实现青少年熟练掌握 1 项以上体育运动技能，确保学生校内每天体育活动时间不少于 1 小时。到 2030 年，学校体育场地设施与器材配置达标率达到 100%，青少年学生每周参与体育活动达到中等强度 3 次以上，国家学生体质健康标准达标优秀率 25%以上。加强科学指导，促进妇女、老年人和职业群体积极参与全民健身。实行工间健身制度，鼓励和支持新建工作场所建设适当的健身活动场地。推动残疾人康复体育和健身体育广泛开展。

第三篇 优化健康服务

第七章 强化覆盖全民的公共卫生服务

第一节 防治重大疾病

实施慢性病综合防控战略，加强国家慢性病综合防控示范区建设。强化慢性病筛查和早期发现，针对高发地区重点癌症开展早诊早治工作，推动癌症、脑卒中、冠心病等慢性病的机会性筛查。基本实现高血压、糖尿病患者管理干预全覆盖，逐步将符合条件的癌症、脑卒中等重大慢性病早诊早治适宜技术纳入诊疗常规。加强学生近视、肥胖等常见病防治。到 2030 年，实现全人群、全生命周期的慢性病健康管理，总体癌症 5 年生存率提高 15%。加强口腔卫生，12 岁儿童患龋率控制在 25%以内。

加强重大传染病防控。完善传染病监测预警机制。继续实施扩大国家免疫规划，适龄儿童国家免疫规划疫苗接种率维持在较高水平，建立预防接种异常反应补偿保险机制。加强艾滋病检测、抗病毒治疗和随访管理，全面落实临床用血核酸检测和预防艾滋病母婴传播，疫情保持在低流行水平。建立结核病防治综合服务模式，加强耐多药肺结核筛查和监测，规范肺结核诊疗管理，全国肺结核疫情持续下降。有效应对流感、手足口病、登革热、麻疹等重点传染病疫情。继续坚持以传染源控制为主的血吸虫病综合防治策略，全国所有流行县达到消除血吸虫病标准。继续巩固全国消除疟疾成果。全国所有流行县基本控制包虫病等重点寄生虫病流行。保持控制和消除重点地方病，地方病不再成为危害人民健康的重点问题。加强突发急性传染病防治，积极防范输入性突发急性传染病，加强鼠疫等传统烈性传染病防控。强化重大动物源性传染病的源头治理。

第二节　完善计划生育服务管理

健全人口与发展的综合决策体制机制，完善有利于人口均衡发展的政策体系。改革计划生育服务管理方式，更加注重服务家庭，构建以生育支持、幼儿养育、青少年发展、老人赡养、病残照料为主题的家庭发展政策框架，引导群众负责任、有计划地生育。完善国家计划生育技术服务政策，加大再生育计划生育技术服务保障力度。全面推行知情选择，普及避孕节育和生殖健康知识。完善计划生育家庭奖励扶助制度和特别扶助制度，实行奖励扶助金标准动态调整。坚持和完善计划生育目标管理责任制，完善宣传倡导、依法管理、优质服务、政策推动、综合治理的计划生育长效工作机制。建立健全出生人口监测工作机制。继续开展出生人口性别比治理。到2030年，全国出生人口性别比实现自然平衡。

第三节　推进基本公共卫生服务均等化

继续实施完善国家基本公共卫生服务项目和重大公共卫生服务项目，加强疾病经济负担研究，适时调整项目经费标准，不断丰富和拓展服务内容，提高服务质量，使城乡居民享有均等化的基本公共卫生服务，做好流动人口基本公共卫生计生服务均等化工作。

第八章　提供优质高效的医疗服务

第一节　完善医疗卫生服务体系

全面建成体系完整、分工明确、功能互补、密切协作、运行高效的整合型医疗卫生服务体系。县和市域内基本医疗卫生资源按常住人口和服务半径合理布局，实现人人享有均等化的基本医疗卫生服务；省级及以上分区域统筹配置，整合推进区域医疗资源共享，基本实现优质医疗卫生资源配置均衡化，省域内人人享有均质化的危急重症、疑难病症诊疗和专科医疗服务；依托现有机构，建设一批引领国内、具有全球影响力的国家级医学中心，建设一批区域医学中心和国家临床重点专科群，推进京津冀、长江经济带等区域医疗卫生协同发展，带动医疗服务区域发展和整体水平提升。加强康复、老年病、长期护理、慢性病管理、安宁疗护等接续性医疗机构建设。实施健康扶贫工程，加大对中西部贫困地区医疗卫生机构建设支持力度，提升服务能力，保障贫困人口健康。到2030年，15分钟基本医疗卫生服务圈基本形成，每千常住人口注册护士数达到4.7人。

第二节　创新医疗卫生服务供给模式

建立专业公共卫生机构、综合和专科医院、基层医疗卫生机构"三位一体"的重大疾病防控机制，建立信息共享、互联互通机制，推进慢性病防、治、管整体融合发展，实现医防结合。建立不同层级、不同类别、不同举办主体医疗卫生机构间目标明确、权责清晰的分工协作机制，不断完善服务网络、运行机制和激励机制，基层普遍具备居民健康守门人的能力。完善家庭医生签约服务，全面建立成熟完善的分级诊疗制度，形成基层首诊、双向转诊、上下联动、急慢分治的合理就医秩序，健全治疗—康复—长期护理服务链。引导三级公立医院逐步减少普通门诊，重点发展危急重症、疑难病症诊疗。完善医疗联合体、医院集团等多种分工协作模式，提高服务体系整体绩效。加快医疗卫生领域军民融合，积极发挥军队医疗卫生机构作用，更好为人民服务。

第三节　提升医疗服务水平和质量

建立与国际接轨、体现中国特色的医疗质量管理与控制体系，基本健全覆盖主要专业的国家、省、市三级医疗质量控制组织，推出一批国际化标准规范。建设医疗质量管理与控制信息化平台，实现全行业全方位精准、实时管理与控制，持续改进医疗质量和医疗安全，提升医疗服务同质化程度，再住院率、抗菌药物使用率等主要医疗服务质量指标达到或接近世界先进水平。全面实施临床路径管理，规范诊疗行为，优化诊疗流程，增强患者就医获得感。推进合理用药，保障临床用血安全，基本实现医疗机构检查、检验结果互认。加强医疗服务人文关怀，构建和谐医患关系。依法严厉打击涉医违法犯罪行为特别是伤害医务人员的暴力犯罪行为，保护医务人员安全。

第九章　充分发挥中医药独特优势

第一节　提高中医药服务能力

实施中医临床优势培育工程，强化中医药防治优势病种研究，加强中西医结合，提高重大疑难病、危急重症临床疗效。大力发展中医非药物疗法，使其在常见病、多发病和慢性病防治中发挥独特作用。发展中医特色康复服务。健全覆盖城乡的中医医疗保健服务体系。在乡镇卫生院和社区卫生服务中心建立中医馆、国医堂等中医综合服务区，推广适宜技术，所有基层医疗卫生机构都能够提供中医药服务。促进民族医药发展。到2030年，中医药在治未病中的主导作用、在重大疾病治疗中的协同作用、在疾病康复中的核心作用得到充分发挥。

第二节　发展中医养生保健治未病服务

实施中医治未病健康工程，将中医药优势与健康管理结合，探索融健康文化、健康管理、健康保险为一体的中医健康保障模式。鼓励社会力量举办规范的中医养生保健机构，加快养生保健服务发展。拓展中医医院服务领域，为群众提供中医健康咨询评估、干预调理、随访管理等治未病服务。鼓励中医医疗机构、中医医师为中医养生保健机构提供保健咨询和调理等技术支持。开展中医中药中国行活动,大力传播中医药知识和易于掌握的养生保健技术方法,加强中医药非物质文化遗产的保护和传承运用,实现中医药健康养生文化创造性转化、创新性发展。

第三节　推进中医药继承创新

实施中医药传承创新工程,重视中医药经典医籍研读及挖掘,全面系统继承历代各家学术理论、流派及学说,不断弘扬当代名老中医药专家学术思想和临床诊疗经验,挖掘民间诊疗技术和方药,推进中医药文化传承与发展。建立中医药传统知识保护制度,制定传统知识保护名录。融合现代科技成果,挖掘中药方剂,加强重大疑难疾病、慢性病等中医药防治技术和新药研发,不断推动中医药理论与实践发展。发展中医药健康服务,加快打造全产业链服务的跨国公司和国际知名的中国品牌,推动中医药走向世界。保护重要中药资源和生物多样性,开展中药资源普查及动态监测。建立大宗、道地和濒危药材种苗繁育基地,提供中药材市场动态监测信息,促进中药材种植业绿色发展。

第十章　加强重点人群健康服务

第一节　提高妇幼健康水平

实施母婴安全计划,倡导优生优育,继续实施住院分娩补助制度,向孕产妇免费提供生育全过程的基本医疗保健服务。加强出生缺陷综合防治,构建覆盖城乡居民,涵盖孕前、孕期、新生儿各阶段的出生缺陷防治体系。实施健康儿童计划,加强儿童早期发展,加强儿科建设,加大儿童重点疾病防治力度,扩大新生儿疾病筛查,继续开展重点地区儿童营养改善等项目。提高妇女常见病筛查率和早诊早治率。实施妇幼健康和计划生育服务保障工程,提升孕产妇和新生儿危急重症救治能力。

第二节　促进健康老龄化

推进老年医疗卫生服务体系建设,推动医疗卫生服务延伸至社区、家庭。健全医疗卫生机构与养老机构合作机制,支持养老机构开展医疗服务。推进中医药与养老融合发展,推动医养结合,为老年人提供治疗期住院、康复期护理、稳定期生活照料、安宁疗护一体化的健康和养老服务,促进慢性病全程防治管理服务同居家、社区、机构养老紧密结合。鼓励社会力量兴办医养结合机构。加强老年常见病、慢性病的健康指导和综合干预,强化老年人健康管理。推动开展老年心理健康与关怀服务,加强老年痴呆症等的有效干预。推动居家老人长期照护服务发展,全面建立经济困难的高龄、失能老人补贴制度,建立多层次长期护理保障制度。进一步完善政策,使老年人更便捷获得基本药物。

第三节 维护残疾人健康

制定实施残疾预防和残疾人康复条例。加大符合条件的低收入残疾人医疗救助力度，将符合条件的残疾人医疗康复项目按规定纳入基本医疗保险支付范围。建立残疾儿童康复救助制度，有条件的地方对残疾人基本型辅助器具给予补贴。将残疾人康复纳入基本公共服务，实施精准康复，为城乡贫困残疾人、重度残疾人提供基本康复服务。完善医疗机构无障碍设施，改善残疾人医疗服务。进一步完善康复服务体系，加强残疾人康复和托养设施建设，建立医疗机构与残疾人专业康复机构双向转诊机制，推动基层医疗卫生机构优先为残疾人提供基本医疗、公共卫生和健康管理等签约服务。制定实施国家残疾预防行动计划，增强全社会残疾预防意识，开展全人群、全生命周期残疾预防，有效控制残疾的发生和发展。加强对致残疾病及其他致残因素的防控。推动国家残疾预防综合试验区试点工作。继续开展防盲治盲和防聋治聋工作。

第四篇 完善健康保障

第十一章 健全医疗保障体系

第一节 完善全民医保体系

健全以基本医疗保障为主体、其他多种形式补充保险和商业健康保险为补充的多层次医疗保障体系。整合城乡居民基本医保制度和经办管理。健全基本医疗保险稳定可持续筹资和待遇水平调整机制，实现基金中长期精算平衡。完善医保缴费参保政策，均衡单位和个人缴费负担，合理确定政府与个人分担比例。改进职工医保个人账户，开展门诊统筹。进一步健全重特大疾病医疗保障机制，加强基本医保、城乡居民大病保险、商业健康保险与医疗救助等的有效衔接。到 2030 年，全民医保体系成熟定型。

第二节 健全医保管理服务体系

严格落实医疗保险基金预算管理。全面推进医保支付方式改革，积极推进按病种付费、按人头付费，积极探索按疾病诊断相关分组付费（DRGs）、按服务绩效付费，形成总额预算管理下的复合式付费方式，健全医保经办机构与医疗机构的谈判协商与风险分担机制。加快推进基本医保异地就医结算，实现跨省异地安置退休人员住院医疗费用直接结算和符合转诊规定的异地就医住院费用直接结算。全面实现医保智能监控，将医保对医疗机构的监管延伸到医务人员。逐步引入社会力量参与医保经办。加强医疗保险基础标准建设和应用。到 2030 年，全民医保管理服务体系完善高效。

第三节 积极发展商业健康保险

落实税收等优惠政策，鼓励企业、个人参加商业健康保险及多种形式的补充保险。丰富健康保险产品，鼓励开发与健康管理服务相关的健康保险产品。促进商业保险公司与医疗、体检、护理等机构合作，发展健康管理组织等新型组织形式。到 2030 年，现代商业健康保险服务业进一步发展，商业健康保险赔付支出占卫生总费用比重显著提高。

第十二章 完善药品供应保障体系

第一节 深化药品、医疗器械流通体制改革

推进药品、医疗器械流通企业向供应链上下游延伸开展服务，形成现代流通新体系。规范医药电子商务，丰富药品流通渠道和发展模式。推广应用现代物流管理与技术，健全中药材现代流通网络与追溯体系。落实医疗机构药品、耗材采购主体地位，鼓励联合采购。完善国家药品价格谈判机制。建立药品出厂价格信息可追溯机制。强化短缺药品供应保障和预警，完善药品储备制度和应急供应机制。建设遍及城乡的现代医药流通网络，提高基层和边远地区药品供应保障能力。

第二节 完善国家药物政策

巩固完善国家基本药物制度，推进特殊人群基本药物保障。完善现有免费治疗药品政策，增加艾滋病防治等特殊药物免费供给。保障儿童用药。完善罕见病用药保障政策。建立以基本药物为重点的临床综合评价体系。按照政府调控和市场调节相结合的原则，完善药品价格形成机制。强化价格、医保、采购等政策的衔接，坚持分类管理，加强对市场竞争不充分药品和高值医用耗材的价格监管，建立药品价格信息监测和信息公开制度，制定完善医保药品支付标准政策。

第五篇 建设健康环境

第十三章 深入开展爱国卫生运动

第一节 加强城乡环境卫生综合整治

持续推进城乡环境卫生整洁行动，完善城乡环境卫生基础设施和长效机制，统筹治理城乡环境卫生问题。加大农村人居环境治理力度，全面加强农村垃圾治理，实施农村生活污水治理工程，大力推广清洁能源。到 2030 年，努力把我国农村建设成为人居环境干净

整洁、适合居民生活养老的美丽家园，实现人与自然和谐发展。实施农村饮水安全巩固提升工程，推动城镇供水设施向农村延伸，进一步提高农村集中供水率、自来水普及率、水质达标率和供水保证率，全面建立从源头到龙头的农村饮水安全保障体系。加快无害化卫生厕所建设，力争到 2030 年，全国农村居民基本都能用上无害化卫生厕所。实施以环境治理为主的病媒生物综合预防控制策略。深入推进国家卫生城镇创建，力争到 2030 年，国家卫生城市数量提高到全国城市总数的 50%，有条件的省（自治区、直辖市）实现全覆盖。

第二节　建设健康城市和健康村镇

把健康城市和健康村镇建设作为推进健康中国建设的重要抓手，保障与健康相关的公共设施用地需求，完善相关公共设施体系、布局和标准，把健康融入城乡规划、建设、治理的全过程，促进城市与人民健康协调发展。针对当地居民主要健康问题，编制实施健康城市、健康村镇发展规划。广泛开展健康社区、健康村镇、健康单位、健康家庭等建设，提高社会参与度。重点加强健康学校建设，加强学生健康危害因素监测与评价，完善学校食品安全管理、传染病防控等相关政策。加强健康城市、健康村镇建设监测与评价。到 2030 年，建成一批健康城市、健康村镇建设的示范市和示范村镇。

第十四章　加强影响健康的环境问题治理

第一节　深入开展大气、水、土壤等污染防治

以提高环境质量为核心，推进联防联控和流域共治，实行环境质量目标考核，实施最严格的环境保护制度，切实解决影响广大人民群众健康的突出环境问题。深入推进产业园区、新城、新区等开发建设规划环评，严格建设项目环评审批，强化源头预防。深化区域大气污染联防联控，建立常态化区域协作机制。完善重度及以上污染天气的区域联合预警机制。全面实施城市空气质量达标管理，促进全国城市环境空气质量明显改善。推进饮用水水源地安全达标建设。强化地下水管理和保护，推进地下水超采区治理与污染综合防治。开展国家土壤环境质量监测网络建设，建立建设用地土壤环境质量调查评估制度，开展土壤污染治理与修复。以耕地为重点，实施农用地分类管理。全面加强农业面源污染防治，有效保护生态系统和遗传多样性。加强噪声污染防控。

第二节　实施工业污染源全面达标排放计划

全面实施工业污染源排污许可管理，推动企业开展自行监测和信息公开，建立排污台账，实现持证按证排污。加快淘汰高污染、高环境风险的工艺、设备与产品。开展工业集

聚区污染专项治理。以钢铁、水泥、石化等行业为重点，推进行业达标排放改造。

第三节 建立健全环境与健康监测、调查和风险评估制度

逐步建立健全环境与健康管理制度。开展重点区域、流域、行业环境与健康调查，建立覆盖污染源监测、环境质量监测、人群暴露监测和健康效应监测的环境与健康综合监测网络及风险评估体系。实施环境与健康风险管理。划定环境健康高风险区域，开展环境污染对人群健康影响的评价，探索建立高风险区域重点项目健康风险评估制度。建立环境健康风险沟通机制。建立统一的环境信息公开平台，全面推进环境信息公开。推进县级及以上城市空气质量监测和信息发布。

第十五章 保障食品药品安全

第一节 加强食品安全监管

完善食品安全标准体系，实现食品安全标准与国际标准基本接轨。加强食品安全风险监测评估，到 2030 年，食品安全风险监测与食源性疾病报告网络实现全覆盖。全面推行标准化、清洁化农业生产，深入开展农产品质量安全风险评估，推进农兽药残留、重金属污染综合治理，实施兽药抗菌药治理行动。加强对食品原产地指导监管，完善农产品市场准入制度。建立食用农产品全程追溯协作机制，完善统一权威的食品安全监管体制，建立职业化检查员队伍，加强检验检测能力建设，强化日常监督检查，扩大产品抽检覆盖面。加强互联网食品经营治理。加强进口食品准入管理，加大对境外源头食品安全体系检查力度，有序开展进口食品指定口岸建设。推动地方政府建设出口食品农产品质量安全示范区。推进食品安全信用体系建设，完善食品安全信息公开制度。健全从源头到消费全过程的监管格局，严守从农田到餐桌的每一道防线，让人民群众吃得安全、吃得放心。

第二节 强化药品安全监管

深化药品（医疗器械）审评审批制度改革，研究建立以临床疗效为导向的审批制度，提高药品（医疗器械）审批标准。加快创新药（医疗器械）和临床急需新药（医疗器械）的审评审批，推进仿制药质量和疗效一致性评价。完善国家药品标准体系，实施医疗器械标准提高计划，积极推进中药（材）标准国际化进程。全面加强药品监管，形成全品种、全过程的监管链条。加强医疗器械和化妆品监管。

第十六章　完善公共安全体系

第一节　强化安全生产和职业健康

加强安全生产，加快构建风险等级管控、隐患排查治理两条防线，切实降低重特大事故发生频次和危害后果。强化行业自律和监督管理职责，推动企业落实主体责任，推进职业病危害源头治理，强化矿山、危险化学品等重点行业领域安全生产监管。开展职业病危害基本情况普查，健全有针对性的健康干预措施。进一步完善职业安全卫生标准体系，建立完善重点职业病监测与职业病危害因素监测、报告和管理网络，遏制尘肺病和职业中毒高发势头。建立分级分类监管机制，对职业病危害高风险企业实施重点监管。开展重点行业领域职业病危害专项治理。强化职业病报告制度，开展用人单位职业健康促进工作，预防和控制工伤事故及职业病发生。加强全国个人辐射剂量管理和放射诊疗辐射防护。

第二节　促进道路交通安全

加强道路交通安全设施设计、规划和建设，组织实施公路安全生命防护工程，治理公路安全隐患。严格道路运输安全管理，提升企业安全自律意识，落实运输企业安全生产主体责任。强化安全运行监管能力和安全生产基础支撑。进一步加强道路交通安全治理，提高车辆安全技术标准，提高机动车驾驶人和交通参与者综合素质。到 2030 年，力争实现道路交通万车死亡率下降 30%。

第三节　预防和减少伤害

建立伤害综合监测体系，开发重点伤害干预技术指南和标准。加强儿童和老年人伤害预防和干预，减少儿童交通伤害、溺水和老年人意外跌落，提高儿童玩具和用品安全标准。预防和减少自杀、意外中毒。建立消费品质量安全事故强制报告制度，建立产品伤害监测体系，强化重点领域质量安全监管，减少消费品安全伤害。

第四节　提高突发事件应急能力

加强全民安全意识教育。建立健全城乡公共消防设施建设和维护管理责任机制，到2030 年，城乡公共消防设施基本实现全覆盖。提高防灾减灾和应急能力。完善突发事件卫生应急体系，提高早期预防、及时发现、快速反应和有效处置能力。建立包括军队医疗卫生机构在内的海陆空立体化的紧急医学救援体系，提升突发事件紧急医学救援能力。到2030 年，建立起覆盖全国、较为完善的紧急医学救援网络，突发事件卫生应急处置能力和紧急医学救援能力达到发达国家水平。进一步健全医疗急救体系，提高救治效率。到2030年，力争将道路交通事故死伤比基本降低到中等发达国家水平。

第五节　健全口岸公共卫生体系

建立全球传染病疫情信息智能监测预警、口岸精准检疫的口岸传染病预防控制体系和种类齐全的现代口岸核生化有害因子防控体系，建立基于源头防控、境内外联防联控的口岸突发公共卫生事件应对机制，健全口岸病媒生物及各类重大传染病监测控制机制，主动预防、控制和应对境外突发公共卫生事件。持续巩固和提升口岸核心能力，创建国际卫生机场（港口）。完善国际旅行与健康信息网络，提供及时有效的国际旅行健康指导，建成国际一流的国际旅行健康服务体系，保障出入境人员健康安全。

提高动植物疫情疫病防控能力，加强进境动植物检疫风险评估准入管理，强化外来动植物疫情疫病和有害生物查验截获、检测鉴定、除害处理、监测防控规范化建设，健全对购买和携带人员、单位的问责追究体系，防控国际动植物疫情疫病及有害生物跨境传播。健全国门生物安全查验机制，有效防范物种资源丧失和外来物种入侵。

第六篇　发展健康产业

第十七章　优化多元办医格局

进一步优化政策环境，优先支持社会力量举办非营利性医疗机构，推进和实现非营利性民营医院与公立医院同等待遇。鼓励医师利用业余时间、退休医师到基层医疗卫生机构执业或开设工作室。个体诊所设置不受规划布局限制。破除社会力量进入医疗领域的不合理限制和隐性壁垒。逐步扩大外资兴办医疗机构的范围。加大政府购买服务的力度，支持保险业投资、设立医疗机构，推动非公立医疗机构向高水平、规模化方向发展，鼓励发展专业性医院管理集团。加强政府监管、行业自律与社会监督，促进非公立医疗机构规范发展。

第十八章　发展健康服务新业态

积极促进健康与养老、旅游、互联网、健身休闲、食品融合，催生健康新产业、新业态、新模式。发展基于互联网的健康服务，鼓励发展健康体检、咨询等健康服务，促进个性化健康管理服务发展，培育一批有特色的健康管理服务产业，探索推进可穿戴设备、智能健康电子产品和健康医疗移动应用服务等发展。规范发展母婴照料服务。培育健康文化产业和体育医疗康复产业。制定健康医疗旅游行业标准、规范，打造具有国际竞争力的健康医疗旅游目的地。大力发展中医药健康旅游。打造一批知名品牌和良性循环的健康服务产业集群，扶持一大批中小微企业配套发展。

引导发展专业的医学检验中心、医疗影像中心、病理诊断中心和血液透析中心等。支持发展第三方医疗服务评价、健康管理服务评价，以及健康市场调查和咨询服务。鼓励社会力量提供食品药品检测服务。完善科技中介体系，大力发展专业化、市场化医药科技成果转化服务。

第十九章　积极发展健身休闲运动产业

进一步优化市场环境，培育多元主体，引导社会力量参与健身休闲设施建设运营。推动体育项目协会改革和体育场馆资源所有权、经营权分离改革，加快开放体育资源，创新健身休闲运动项目推广普及方式，进一步健全政府购买体育公共服务的体制机制，打造健身休闲综合服务体。鼓励发展多种形式的体育健身俱乐部，丰富业余体育赛事，积极培育冰雪、山地、水上、汽摩、航空、极限、马术等具有消费引领特征的时尚休闲运动项目，打造具有区域特色的健身休闲示范区、健身休闲产业带。

第二十章　促进医药产业发展

第一节　加强医药技术创新

完善政产学研用协同创新体系，推动医药创新和转型升级。加强专利药、中药新药、新型制剂、高端医疗器械等创新能力建设，推动治疗重大疾病的专利到期药物实现仿制上市。大力发展生物药、化学药新品种、优质中药、高性能医疗器械、新型辅料包材和制药设备，推动重大药物产业化，加快医疗器械转型升级，提高具有自主知识产权的医学诊疗设备、医用材料的国际竞争力。加快发展康复辅助器具产业，增强自主创新能力。健全质量标准体系，提升质量控制技术，实施绿色和智能改造升级，到 2030 年，药品、医疗器械质量标准全面与国际接轨。

第二节　提升产业发展水平

发展专业医药园区，支持组建产业联盟或联合体，构建创新驱动、绿色低碳、智能高效的先进制造体系，提高产业集中度，增强中高端产品供给能力。大力发展医疗健康服务贸易，推动医药企业走出去和国际产业合作，提高国际竞争力。到 2030 年，具有自主知识产权新药和诊疗装备国际市场份额大幅提高，高端医疗设备市场国产化率大幅提高，实现医药工业中高速发展和向中高端迈进，跨入世界制药强国行列。推进医药流通行业转型升级，减少流通环节，提高流通市场集中度，形成一批跨国大型药品流通企业。

第七篇　健全支撑与保障

第二十一章　深化体制机制改革

第一节　把健康融入所有政策

加强各部门各行业的沟通协作，形成促进健康的合力。全面建立健康影响评价评估制度，系统评估各项经济社会发展规划和政策、重大工程项目对健康的影响，健全监督机制。畅通公众参与渠道，加强社会监督。

第二节　全面深化医药卫生体制改革

加快建立更加成熟定型的基本医疗卫生制度，维护公共医疗卫生的公益性，有效控制医药费用不合理增长，不断解决群众看病就医问题。推进政事分开、管办分开，理顺公立医疗卫生机构与政府的关系，建立现代公立医院管理制度。清晰划分中央和地方以及地方各级政府医药卫生管理事权，实施属地化和全行业管理。推进军队医院参加城市公立医院改革、纳入国家分级诊疗体系工作。健全卫生计生全行业综合监管体系。

第三节　完善健康筹资机制

健全政府健康领域相关投入机制，调整优化财政支出结构，加大健康领域投入力度，科学合理界定中央政府和地方政府支出责任，履行政府保障基本健康服务需求的责任。中央财政在安排相关转移支付时对经济欠发达地区予以倾斜，提高资金使用效益。建立结果导向的健康投入机制，开展健康投入绩效监测和评价。充分调动社会组织、企业等的积极性，形成多元筹资格局。鼓励金融等机构创新产品和服务，完善扶持措施。大力发展慈善事业，鼓励社会和个人捐赠与互助。

第四节　加快转变政府职能

进一步推进健康相关领域简政放权、放管结合、优化服务。继续深化药品、医疗机构等审批改革，规范医疗机构设置审批行为。推进健康相关部门依法行政，推进政务公开和信息公开。加强卫生计生、体育、食品药品等健康领域监管创新，加快构建事中和事后监管体系，全面推开"双随机、一公开"机制建设。推进综合监管，加强行业自律和诚信建设，鼓励行业协会商会发展，充分发挥社会力量在监管中的作用，促进公平竞争，推动健康相关行业科学发展，简化健康领域公共服务流程，优化政府服务，提高服务效率。

第二十二章　加强健康人力资源建设

第一节　加强健康人才培养培训

加强医教协同，建立完善医学人才培养供需平衡机制。改革医学教育制度，加快建成适应行业特点的院校教育、毕业后教育、继续教育三阶段有机衔接的医学人才培养培训体系。完善医学教育质量保障机制，建立与国际医学教育实质等效的医学专业认证制度。以全科医生为重点，加强基层人才队伍建设。完善住院医师与专科医师培养培训制度，建立公共卫生与临床医学复合型高层次人才培养机制。强化面向全员的继续医学教育制度。加大基层和偏远地区扶持力度。加强全科、儿科、产科、精神科、病理、护理、助产、康复、心理健康等急需紧缺专业人才培养培训。加强药师和中医药健康服务、卫生应急、卫生信息化复合人才队伍建设。加强高层次人才队伍建设，引进和培养一批具有国际领先水平的学科带头人。推进卫生管理人员专业化、职业化。调整优化适应健康服务产业发展的医学教育专业结构，加大养老护理员、康复治疗师、心理咨询师等健康人才培养培训力度。支持建立以国家健康医疗开放大学为基础、中国健康医疗教育慕课联盟为支撑的健康教育培训云平台，便捷医务人员终身教育。加强社会体育指导员队伍建设，到 2030 年，实现每千人拥有社会体育指导员 2.3 名。

第二节　创新人才使用评价激励机制

落实医疗卫生机构用人自主权，全面推行聘用制，形成能进能出的灵活用人机制。落实基层医务人员工资政策。创新医务人员使用、流动与服务提供模式，积极探索医师自由执业、医师个体与医疗机构签约服务或组建医生集团。建立符合医疗卫生行业特点的人事薪酬制度。对接国际通行模式，进一步优化和完善护理、助产、医疗辅助服务、医疗卫生技术等方面人员评价标准。创新人才评价机制，不将论文、外语、科研等作为基层卫生人才职称评审的硬性要求，健全符合全科医生岗位特点的人才评价机制。

第二十三章　推动健康科技创新

第一节　构建国家医学科技创新体系

大力加强国家临床医学研究中心和协同创新网络建设，进一步强化实验室、工程中心等科研基地能力建设，依托现有机构推进中医药临床研究基地和科研机构能力建设，完善医学研究科研基地布局。加强资源整合和数据交汇，统筹布局国家生物医学大数据、生物样本资源、实验动物资源等资源平台，建设心脑血管、肿瘤、老年病等临床医学数据示范中心。实施中国医学科学院医学与健康科技创新工程。加快生物医药和大健康产业基地建设，培育健康产业高新技术企业，打造一批医学研究和健康产业创新中心，促进医研企结合，推进医疗机构、科研院所、高等学校和企业等创新主体高效协同。加强医药成果转化推广平台建设，促进医学成果转化推广。建立更好的医学创新激励机制和以应用为导向的成果评价机制，进一步健全科研基地、生物安全、技术评估、医学研究标准与规范、医学伦理与科研诚信、知识产权等保障机制，加强科卫协同、军民融合、省部合作，有效提升基础前沿、关键共性、社会公益和战略高科技的研究水平。

第二节 推进医学科技进步

启动实施脑科学与类脑研究、健康保障等重大科技项目和重大工程，推进国家科技重大专项、国家重点研发计划重点专项等科技计划。发展组学技术、干细胞与再生医学、新型疫苗、生物治疗等医学前沿技术，加强慢病防控、精准医学、智慧医疗等关键技术突破，重点部署创新药物开发、医疗器械国产化、中医药现代化等任务，显著增强重大疾病防治和健康产业发展的科技支撑能力。力争到 2030 年，科技论文影响力和三方专利总量进入国际前列，进一步提高科技创新对医药工业增长贡献率和成果转化率。

第二十四章 建设健康信息化服务体系

第一节 完善人口健康信息服务体系建设

全面建成统一权威、互联互通的人口健康信息平台，规范和推动"互联网+健康医疗"服务，创新互联网健康医疗服务模式，持续推进覆盖全生命周期的预防、治疗、康复和自主健康管理一体化的国民健康信息服务。实施健康中国云服务计划，全面建立远程医疗应用体系，发展智慧健康医疗便民惠民服务。建立人口健康信息化标准体系和安全保护机制。做好公民入伍前与退伍后个人电子健康档案军地之间接续共享。到 2030 年，实现国家省市县四级人口健康信息平台互通共享、规范应用，人人拥有规范化的电子健康档案和功能完备的健康卡，远程医疗覆盖省市县乡四级医疗卫生机构，全面实现人口健康信息规范管理和使用，满足个性化服务和精准化医疗的需求。

第二节 推进健康医疗大数据应用

加强健康医疗大数据应用体系建设，推进基于区域人口健康信息平台的医疗健康大数据开放共享、深度挖掘和广泛应用。消除数据壁垒，建立跨部门跨领域密切配合、统一归口的健康医疗数据共享机制，实现公共卫生、计划生育、医疗服务、医疗保障、药品供应、综合管理等应用信息系统数据采集、集成共享和业务协同。建立和完善全国健康医疗数据资源目录体系，全面深化健康医疗大数据在行业治理、临床和科研、公共卫生、教育培训等领域的应用，培育健康医疗大数据应用新业态。加强健康医疗大数据相关法规和标准体系建设，强化国家、区域人口健康信息工程技术能力，制定分级分类分域的数据应用政策规范，推进网络可信体系建设，注重内容安全、数据安全和技术安全，加强健康医疗数据安全保障和患者隐私保护。加强互联网健康服务监管。

第二十五章　加强健康法治建设

推动颁布并实施基本医疗卫生法、中医药法，修订实施药品管理法，加强重点领域法律法规的立法和修订工作，完善部门规章和地方政府规章，健全健康领域标准规范和指南体系。强化政府在医疗卫生、食品、药品、环境、体育等健康领域的监管职责，建立政府监管、行业自律和社会监督相结合的监督管理体制。加强健康领域监督执法体系和能力建设。

第二十六章　加强国际交流合作

实施中国全球卫生战略，全方位积极推进人口健康领域的国际合作。以双边合作机制为基础，创新合作模式，加强人文交流，促进我国和"一带一路"沿线国家卫生合作。加强南南合作，落实中非公共卫生合作计划，继续向发展中国家派遣医疗队员，重点加强包括妇幼保健在内的医疗援助，重点支持疾病预防控制体系建设。加强中医药国际交流与合作。充分利用国家高层战略对话机制，将卫生纳入大国外交议程。积极参与全球卫生治理，在相关国际标准、规范、指南等的研究、谈判与制定中发挥影响，提升健康领域国际影响力和制度性话语权。

第八篇　强化组织实施

第二十七章　加强组织领导

完善健康中国建设推进协调机制，统筹协调推进健康中国建设全局性工作，审议重大项目、重大政策、重大工程、重大问题和重要工作安排，加强战略谋划，指导部门、地方开展工作。

各地区各部门要将健康中国建设纳入重要议事日程，健全领导体制和工作机制，将健康中国建设列入经济社会发展规划，将主要健康指标纳入各级党委和政府考核指标，完善考核机制和问责制度，做好相关任务的实施落实工作。注重发挥工会、共青团、妇联、残联等群团组织以及其他社会组织的作用，充分发挥民主党派、工商联和无党派人士作用，最大限度凝聚全社会共识和力量。

第二十八章　营造良好社会氛围

大力宣传党和国家关于维护促进人民健康的重大战略思想和方针政策，宣传推进健康中国建设的重大意义、总体战略、目标任务和重大举措。加强正面宣传、舆论监督、科学引导和典型报道，增强社会对健康中国建设的普遍认知，形成全社会关心支持健康中国建设的良好社会氛围。

第二十九章　做好实施监测

制定实施五年规划等政策文件，对本规划纲要各项政策和措施进行细化完善，明确各个阶段所要实施的重大工程、重大项目和重大政策。建立常态化、经常化的督察考核机制，强化激励和问责。建立健全监测评价机制，制定规划纲要任务部门分工方案和监测评估方案，并对实施进度和效果进行年度监测和评估，适时对目标任务进行必要调整。充分尊重人民群众的首创精神，对各地在实施规划纲要中好的做法和有效经验，要及时总结，积极推广。

关于加强健康促进与教育的指导意见

国卫宣传发〔2016〕62 号

国家卫生和计划生育委员会　教育部　财政部等

各省、自治区、直辖市卫生计生委、党委宣传部、教育厅（委、局）、财政厅（局）、环境保护厅（局）、工商局、新闻出版广电局、体育局、中医药局、科学技术协会，新疆生产建设兵团卫生局、党委宣传部、教育局、财政局、环境保护局、工商局、新闻出版广电局、体育局、科学技术协会：

加强健康促进与教育，提高人民健康素养，是提高全民健康水平最根本、最经济、最有效的措施之一。当前，由于工业化、城镇化、人口老龄化以及疾病谱、生态环境、生活方式不断变化，我国仍然面临多重疾病威胁并存、多种健康影响因素交织的复杂局面。为贯彻落实全国卫生与健康大会精神，全面提升人民群众健康水平，依据《中共中央国务院关于深化医药卫生体制改革的意见》（中发〔2009〕6 号）和《"健康中国 2030"规划纲要》《"十三五"卫生与健康规划》《"十三五"期间深化医药卫生体制改革规划》，现就加强健康促进与教育工作提出如下意见。

一、总体要求

（一）指导思想

全面贯彻党的十八大和十八届二中、三中、四中、五中全会精神，深入学习贯彻习近平总书记系列重要讲话精神，按照"五位一体"总体布局和"四个全面"战略布局要求，牢固树立新发展理念，认真落实党中央、国务院决策部署，坚持"以基层为重点，以改革创新为动力，预防为主，中西医并重，把健康融入所有政策，人民共建共享"的卫生与健康工作方针，以满足人民群众健康需求为导向，以提高人群健康素养水平为抓手，以健康促进与教育体系建设为支撑，着力创造健康支持性环境，倡导健康生活方式，努力实现以治病为中心向以健康为中心的转变，促进全民健康和健康公平，推进健康中国建设。

（二）基本原则

坚持以人为本。以人的健康为中心，根据群众需求提供健康促进与教育服务，引导群众树立正确健康观，形成健康的行为和生活方式，提升全民健康素养。强化个人健康意识和责任，培育人人参与、人人建设、人人共享的健康新生态。

坚持政府主导。始终把人民健康放在优先发展的战略地位，强化各级政府在健康促进与教育工作中的主导作用，将居民健康水平作为政府目标管理的优先指标，加强组织领导和部门协作，共同维护群众健康权益。

坚持大健康理念。注重预防为主、关口前移，关注生命全周期、健康全过程，推进把健康融入所有政策，实施医疗卫生、体育健身、环境保护、食品药品安全、心理干预等综合治理，有效应对各类健康影响因素。

坚持全社会参与。充分发挥社会各方面力量的优势与作用，调动企事业单位、社会组织、群众参与健康促进与教育工作的积极性、主动性和创造性，建立健全多层次、多元化的工作格局，使健康促进成为全社会的共识和自觉行动。

（三）主要目标

到 2020 年，健康的生活方式和行为基本普及并实现对贫困地区的全覆盖，人民群众维护和促进自身健康的意识和能力有较大提升，全国居民健康素养水平达到20%，重大慢性病过早死亡率比 2015 年降低 10%，减少残疾和失能的发生。健康促进与教育工作体系进一步完善，"把健康融入所有政策"策略有效实施，健康促进县（区）、学校、机关、企业、医院和健康家庭建设取得明显成效，影响健康的主要危险因素得到有效控制，有利于健康的生产生活环境初步形成，促进"十三五"卫生与健康规划目标的实现，不断增进人民群众健康福祉。

二、推进"把健康融入所有政策"

（四）宣传和倡导"把健康融入所有政策"

充分认识社会、经济、环境、生活方式和行为等因素对人群健康的深刻影响，广泛宣传公共政策对公众健康的重要影响作用，坚持"把健康融入所有政策"的策略。地方各级政府要建立"把健康融入所有政策"的长效机制，构建"政府主导、多部门协作、全社会参与"的工作格局。

（五）开展跨部门健康行动

各地区各部门要把保障人民健康作为经济社会政策的重要目标，全面建立健康影响评价评估制度，系统评估各项经济社会发展规划和政策、重大工程项目对健康的影响。各地要针对威胁当地居民健康的主要问题，研究制订综合防治策略和干预措施，开展跨部门健康行动。地方各级政府要加大对健康服务业的扶持力度，研究制订相关行业标准，建立健全监管机制，规范健康产业市场，提高健康管理服务质量。

三、创造健康支持性环境

（六）加强农村地区健康促进与教育工作

针对农村人口健康需求，广泛宣传居民健康素养基本知识和技能，提升农村人口健康意识，形成良好卫生习惯和健康生活方式。做好农村地区重点慢性病、传染病、地方病的预防与控制，加大妇幼健康工作力度，在贫困地区全面实施免费孕前优生健康检查、农村妇女增补叶酸预防神经管缺陷、农村妇女"两癌"（乳腺癌和宫颈癌）筛查、儿童营养改善、新生儿疾病筛查等项目。全面推进健康村镇建设，持续开展环境卫生整洁行动，实施贫困地区农村人居环境改善扶贫行动和人畜分离工程，加快农村卫生厕所建设进程，实施农村饮水安全巩固提升工程，推进农村垃圾污水治理，有效提升人居环境质量，建设健康、宜居、美丽家园。

（七）加强学校健康促进与教育工作

将健康教育纳入国民教育体系，把健康教育作为所有教育阶段素质教育的重要内容。以中小学为重点，建立学校健康教育推进机制。加强学校健康教育师资队伍建设。构建相关学科教学与教育活动相结合、课堂教育与课外实践相结合、经常性宣传教育与集中式宣传教育相结合的健康教育模式。改善学校卫生环境，加强控烟宣传和无烟环境创建，做好学生常见病的预防与控制工作。确保学生饮食安全和供餐营养，实施贫困地区农村义务教育学生营养改善计划。开展学生体质监测。重视学校体育教育，促进学校、家庭和社会多方配合，确保学生校内每天体育活动时间不少于 1 小时。实施好青少年体育活动促进计划，促进校园足球等多种运动项目健康发展，让主动锻炼、阳光生活在青少年中蔚然成风。

（八）加强机关和企事业单位健康促进与教育工作

在各类机关和企事业单位中开展工作场所健康促进，提高干部职工健康意识，倡导健康生活方式。加强无烟机关建设，改善机关和企事业单位卫生环境和体育锻炼设施，推行工间健身制度，倡导每天健身 1 小时。举办健康知识讲座，开展符合单位特点的健身和竞赛活动，定期组织职工体检。加强安全生产工作，推进职业病危害源头治理，建立健全安全生产、职业病预防相关政策，强化安全生产和职业健康体系，督促企业完善安全生产和职业病防治制度，为职工提供必要的劳动保护措施，预防和控制职业损害和职业病发生。要积极组织协调，发挥国有企业在健康促进工作中的示范作用。

（九）加强医疗卫生机构健康促进与教育工作

将各级各类医疗卫生机构作为健康促进与教育的重要阵地，坚持预防为主，推进防治结合，实现以治病为中心向以健康为中心转变，推动健康管理关口前移，发挥专业优势大力开展健康促进与教育服务。各级各类医疗卫生机构要加强医患沟通和科普宣传，围绕健康维护、慢性病和传染病防治、妇幼健康、心理健康、合理膳食、老年保健等重要内容，开展健康教育和行为干预，普及合理用药和科学就医知识，提高群众防病就医能力。要改善医院诊疗和卫生环境，创建医疗卫生机构无烟环境，在医院设置戒烟门诊，提供戒烟咨询和戒烟服务。

（十）加强社区和家庭健康促进与教育工作

依托社区，广泛开展"健康家庭行动""新家庭计划"和"营养进万家"活动。以家庭整体为对象，通过健全健康家庭服务体系、投放健康家庭工具包、创建示范健康家庭、重点家庭健康帮扶等措施，为家庭成员提供有针对性的健康指导服务。提高家庭成员健康意识，倡导家庭健康生活方式。

（十一）营造绿色安全的健康环境

按照绿色发展理念，实行最严格的生态环境保护制度，建立健全环境与健康监测、调查、风险评估制度，重点抓好空气、土壤、水污染的防治，加快推进国土绿化，治理和修复土壤特别是耕地污染，全面加强水源涵养和水质保护，综合整治大气污染特别是雾霾问题，全面整治工业污染，切实解决影响人民群众健康的突出环境问题。将健康列为社会治理的重要目标，统筹区域建设与人的健康协调发展，全面推进卫生城市和健康城市、健康促进县（区）建设，形成健康社区、健康村镇、健康单位、健康学校、健康家庭等建设广泛开展的良好局面。贯彻食品安全法，完善食品安全体系，加强食品安全监管，建立食用农产品全程追溯协作机制，加强检验检测能力建设，提升食品药品安全保障水平。牢固树立安全发展理念，健全公共安全体系，促进道路交通安全，推进突发事件卫生应急监测预警和紧急医学救援能力建设，提升防灾减灾能力，努力减少公共安全事件对人民生命健康的威胁。健全口岸公共卫生体系，主动预防、控制、应对境外突发公共事件。

四、培养自主自律的健康行为

（十二）倡导健康生活方式

深入开展全民健康素养促进行动、全民健康生活方式行动、国民营养行动计划等专项行动，实施全民科学素质行动计划，推进全民健康科技工作，大力普及健康知识与技能，引导群众建立合理膳食、适量运动、戒烟限酒和心理平衡的健康生活方式，倡导"每个人是自己健康第一责任人"的理念，不断提升人民群众健康素养。针对妇女、儿童、老年人、残疾人、流动人口、贫困人口等重点人群，开展符合其特点的健康促进及健康素养传播活动。面向社会宣传倡导积极老龄化、健康老龄化的理念，面向老年人及其家庭开展知识普及和健康促进，结合老年人健康特点，开发老年人积极参与社会，提高老年人群健康素养。全面推进控烟履约，加大控烟力度，运用价格、税收、法律等手段提高控烟成效。深入开展控烟宣传教育，全面推进公共场所禁烟工作，积极推进无烟环境建设，强化公共场所控烟监督执法。到 2020 年，15 岁及以上人群烟草使用流行率比 2015 年下降 3 个百分点。强化戒烟服务。加强限酒健康教育，控制酒精过度使用，减少酗酒。以青少年、育龄妇女、流动人群及性传播风险高危行为人群为重点，开展性道德、性健康、性安全的宣传教育和干预。大力普及有关毒品滥用的危害、应对措施和治疗途径等相关知识。

（十三）积极推进全民健身

加强全民健身宣传教育，普及科学健身知识和方法，让体育健身成为群众生活的重要内容。广泛开展全民健身运动，推动全民健身和全民健康深度融合，创新全民健身体制机制。完善全民健身公共服务体系，统筹建设全民健身公共设施，加强健身步道、全民健身中心、体育公园等场地设施建设。推行公共体育设施免费或低收费开放，确保公共体育场地设施和符合开放条件的企事业单位体育场地设施全部向社会开放。加强全民健身科学研究，推进运动处方库建设，发布《中国人体育健身活动指南》，积极开展国民体质监测和全民健身活动状况调查。建立"体医结合"健康服务模式，构建科学合理的运动指导体系，提供个性化的科学健身指导服务，提高全民健身科学化水平。到 2020 年，经常参加体育锻炼人数达到 4.35 亿。

（十四）高度重视心理健康问题

加强心理健康服务体系建设和规范化管理。加大心理健康问题基础性研究，做好心理健康知识和心理疾病科普工作，提升人民群众心理健康素养。规范发展心理治疗、心理咨询等心理健康服务，加强心理健康专业人才培养。强化对常见精神障碍和心理行为问题的干预，加大对重点人群和特殊职业人群心理问题早期发现和及时干预力度。重点加强严重精神障碍患者报告登记和救治救助管理。全面推进精神障碍社区康复服务，鼓励和引导社会力量提供心理健康服务和精神障碍社区康复服务。提高突发事件心理危机的干预能力和水平。

（十五）大力弘扬中医药健康文化

总结中华民族对生命、健康的认识和理解，深入挖掘中医药文化内涵，推动中医药健康养生文化创造性转化和创新性发展，使之与现代健康理念相融相通。充分利用现有资源，建设中医药文化宣传教育基地及中医药健康文化传播体验中心，打造宣传、展示、体验中医药知识及服务的平台。实施中医药健康文化素养提升工程，开展"中医中药中国行——中医药健康文化推进行动"，实现"2020年人民群众中医药健康文化素养提升10%"的目标。推动中医药文化进校园，促进中小学生养成良好的健康意识和生活习惯。

五、营造健康社会氛围

（十六）广泛开展健康知识和技能传播

各地要鼓励和引导各类媒体办好健康类栏目和节目，制作、播放健康公益广告，加大公益宣传力度，不断增加健康科普报道数量，多用人民群众听得到、听得懂、听得进的途径和方法普及健康知识和技能，让健康知识植入人心。建立居民健康素养基本知识和技能传播资源库，构建数字化的健康传播平台。创新健康教育的方式和载体，充分利用互联网、移动客户端等新媒体以及云计算、大数据、物联网等信息技术传播健康知识，提高健康教育的针对性、精准性和实效性，打造权威健康科普平台。要对健康教育加以规范，报纸杂志、广播电视、图书网络等都要把好关，不能给虚假健康教育活动提供传播渠道和平台。

（十七）做好健康信息发布和舆情引导

国家和省级健康教育专业机构要针对影响群众健康的主要因素和问题，建立健全健康知识和技能核心信息发布制度，完善信息发布平台。加强对媒体健康传播活动的监管，开展舆情监测，正确引导社会舆论和公众科学理性应对健康风险因素。有关部门要加大对医疗保健类广告的监督和管理力度，坚决打击虚假医药广告，严厉惩处不实和牟利性误导宣传行为。

（十八）培育"弘扬健康文化、人人关注健康"的社会氛围

积极培育和践行社会主义核心价值观，推进以良好的身体素质、精神风貌、生活环境和社会氛围为主要特征的健康文化建设，在全社会形成积极向上的精神追求和健康文明的生活方式。充分发挥工会、共青团、妇联、科协等群众团体的桥梁纽带作用和宣传动员优势，传播健康文化，动员全社会广泛参与健康促进行动。调动各类社会组织和个人的积极性，发挥健康促进志愿者作用，注重培育和发展根植于民间的、自下而上的健康促进.力量。

六、加强健康促进与教育体系建设

（十九）逐步建立全面覆盖、分工明确、功能完善、运转高效的健康促进与教育体系

建立健全以健康教育专业机构为龙头，以基层医疗卫生机构、医院、专业公共卫生机构为基础，以国家健康医疗开放大学为平台，以学校、机关、社区、企事业单位健康教育职能部门为延伸的健康促进与教育体系。加快推进各级健康教育专业机构建设，充实人员力量，改善工作条件，建立信息化平台，提升服务能力。推进"12320"卫生热线建设。进一步加强基层卫生计生机构、医院、专业公共卫生机构及学校、机关、社区、企事业单位健康教育场所建设。

（二十）加强健康促进与教育人才队伍建设

鼓励高等学校根据需求，培养健康促进与教育相关专业人才。加强对健康促进与教育工作人员的培训和继续教育，优化健康教育专业机构人员结构。进一步完善职称晋升制度，健全激励机制，保障健康促进与教育专业人员待遇，推进健康促进与教育人才的合理流动和有效配置。

七、落实保障措施

(二十一) 加强组织领导

各级地方政府要将提高人民群众健康水平作为执政施政的重要目标，将卫生与健康事业发展作为贯彻落实"四个全面"战略布局，完善社会治理的重要内容，推进健康中国建设，实施"把健康融入所有政策"策略，切实将居民健康状况作为政府决策的必需条件和考核的重要指标。要明确各部门在促进人民群众健康中的责任和义务，建立多部门协作机制。

(二十二) 加大投入力度

将健康促进与教育工作纳入经济和社会发展规划，加强健康促进与教育基础设施建设。将必要的健康促进与教育经费纳入政府财政预算，按规定保障健康教育专业机构和健康促进工作网络的人员经费、发展建设和业务经费。确保健康教育专业机构的工作力量满足工作需要。广泛吸引各类社会资金，鼓励企业、慈善机构、基金会、商业保险机构等参与健康促进与教育事业发展。加大对农村建档立卡贫困人口健康促进与教育工作的投入力度。

(二十三) 强化监督考核

将健康促进与教育纳入政府目标考核内容，细化考核目标，明确工作责任，定期组织对健康促进与教育工作开展情况进行考核评估。注重总结推广典型经验，对在健康促进与教育工作中作出突出贡献的集体和个人给予适当奖励。对于工作落实不力的，要通报批评，责令整改。

国家卫生计生委　　中宣部

教育部　　财政部

环境保护部　　工商总局

新闻出版广电总局　　体育总局

国家中医药局　　中国科协

2016 年 11 月 16 日

国家卫生计生委关于印发"十三五"全国健康促进与教育工作规划的通知

国卫宣传发〔2017〕2号

各省、自治区、直辖市卫生计生委，新疆生产建设兵团卫生局：

为贯彻落实全国卫生与健康大会和第九届全球健康促进大会精神，进一步加强全国健康促进与教育工作，推进健康中国建设，我委制定了《"十三五"全国健康促进与教育工作规划》（可从国家卫生计生委网站下载）。现印发给你们，请各地认真贯彻落实。

国家卫生计生委

2017年1月11日

"十三五"全国健康促进与教育工作规划

"十三五"时期是我国全面建成小康社会的决胜阶段，是推进健康中国建设的关键阶段。健康促进与教育工作作为卫生与健康事业的重要组成部分，对于提升全民健康素养和健康水平、促进经济社会可持续发展具有重要意义。为贯彻落实全国卫生与健康大会精神，根据《"健康中国2030"规划纲要》《"十三五"卫生与健康规划》和《关于加强健康促进与教育的指导意见》，编制本规划。

一、规划背景

"十二五"时期，我国健康促进与教育事业取得明显成效，健康促进与教育工作体系初步建立，有利于健康的生产生活环境不断改善，健康素养促进行动、健康中国行等品牌活动影响广泛，2015 年全国居民健康素养水平达到 10.25%，为维护和保障人民健康奠定了重要基础。同时，健康促进与教育工作仍面临诸多挑战，主要表现在：居民健康素养整体上仍处于较低水平，多部门协作合力应对健康危险因素的局面尚未完全形成，动员全社会参与的深度和广度不够，全国健康促进与教育体系服务能力与群众的健康需求相比仍有差距。

"十三五"时期，健康促进与教育工作面临着新形势、新任务。全国卫生与健康大会确立了新时期卫生与健康工作方针，强调要倡导健康文明的生活方式，建立健全健康教育体系，提升全民健康素养。《"健康中国 2030"规划纲要》提出到 2030 年，全民健康素养大幅提高，健康生活方式得到全面普及，有利于健康的生产生活环境基本形成。《关于加强健康促进与教育的指导意见》要求推进"把健康融入所有政策"、创造健康支持性环境、培养自主自律的健康行为、营造健康社会氛围、加强健康促进与教育体系建设，提出到 2020 年全国居民健康素养水平要达到 20%。

二、指导思想

全面贯彻党的十八大和十八届三中、四中、五中、六中全会精神，深入学习贯彻习近平总书记系列重要讲话精神，紧紧围绕统筹推进"五位一体"总体布局和协调推进"四个全面"战略布局，牢固树立和贯彻落实新发展理念，认真落实全国卫生与健康大会精神，坚持"以基层为重点，以改革创新为动力，预防为主，中西医并重，把健康融入所有政策，人民共建共享"的卫生与健康工作方针，以满足人民群众健康需求为导向，以提高人群健康素养水平为抓手，以健康促进与教育体系建设为支撑，着力创造健康支持性环境，全方位、全生命周期维护和保障人民健康，推进健康中国建设。

三、主要目标

到 2020 年，健康的生活方式和行为基本普及，人民群众维护和促进自身健康的意识和能力有较大提升，"把健康融入所有政策"方针有效实施，健康促进县（区）、学校、机关、企业、医院和健康社区、健康家庭建设取得明显成效，健康促进与教育工作体系建设得到加强。全国居民健康素养水平达到 20%，影响健康的社会、环境等因素得到进一步改善，人民群众健康福祉不断增进。

表　主要发展指标

领域	主要指标	单位	2020 目标	2015 目标	指标性质
健康生活	居民健康素养水平	%	20	10.25	预期性
	15 岁及以上人群烟草使用流行率	%	<25	27.7	预期性
健康文化	建立省级健康科普平台	--	以省为单位全覆盖	--	预期性
健康环境	健康促进县区比例	%	20	--	预期性
	每县（区）健康促进医院比例	%	40	--	预期性
	每县（区）健康社区比例	%	20	--	预期性
	每县（区）健康家庭比例	%	20	--	预期性
组织保障	区域健康教育专业机构人员配置率	人/10 万人口	1.75	0.67	预期性

四、重点任务

（一）推动落实"把健康融入所有政策"。进一步加大宣传力度，推动"把健康融入所有政策"落到实处。开展高层倡导，在当地党委政府领导下，建立覆盖各个部门的健康促进工作决策机制和协调机制，统筹领导当地健康促进与教育工作。推动将促进健康的理念融入公共政策制定实施的全过程，积极支持各部门建立和实施健康影响评价评估制度，系统评估各项经济社会发展规划和政策对健康的影响。联合相关部门开展跨部门健康行动，应对和解决威胁当地居民健康的主要问题。

（二）大力创建健康支持性环境。全面推进卫生城市、健康城市、健康促进县（区）、健康社区（村镇）建设，统筹做好各类城乡区域性健康促进的规划、实施及评估等工作，实现区域建设与人的健康协调发展。积极支持并会同相关部门开展健康促进学校、机关、企事业单位、医院和健康社区、健康家庭创建活动。针对不同场所、不同人群的主要健康问题及主要影响因素，研究制定综合防治策略和干预措施，指导相关部门和单位开展健康管理制度建设、健康支持性环境创建、健康服务提供、健康素养提升等工作，创造有利于健康的生活、工作和学习环境。协助制订完善创建标准和工作规范，配合做好效果评价和经验总结推广，推动健康促进场所建设科学规范开展。

（三）不断提高居民健康素养水平。以国家基本公共卫生服务健康教育项目、全民健康素养促进行动、国民营养计划等为重要抓手，充分整合卫生计生系统健康促进与教育资源，利用好健康中国行、全民健康生活方式、婚育新风进万家、卫生应急"五进"活动等平台，普及健康素养基本知识和技能，促进健康生活方式形成。充分发挥医疗卫生机构和医务人员主力军作用，特别要发挥社区卫生服务机构、乡镇卫生院、计划生育服务机构等基层卫生计生机构主阵地作用，提供覆盖城乡所有居民的健康教育服务，推进基本公共卫生服务健康教育均等化，提升全国居民健康素养水平。

（四）深入推进健康文化建设。广泛宣传党和国家关于维护促进人民健康的重大战略和方针政策，宣传健康中国建设的重大意义、总体战略、目标任务和重大举措。加强正面宣传、舆论引导和典型报道，增强社会公众对健康中国建设的深刻认识。推进以良好的身体素质、精神风貌、生活环境和社会氛围为主要特征的健康文化建设，在全社会倡导形成积极向上的精神追求和健康文明的生活方式。充分发挥社会各方面力量的优势与作用，调动企事业单位、社会组织、群众参与健康促进与教育工作的积极性、主动性和创造性，建立健全多层次、多元化的工作格局，使促进健康成为全社会的共识和自觉行动。

五、专项行动

（一）健康影响评价评估专项行动。积极协助各部门建立并实施健康影响评价评估制度，开发健康影响评价评估工具，组织开展相关人员培训，配合各部门系统评估各项经济社会发展规划和政策对健康的影响。到"十三五"末期实现健康影响评价评估制度以省为单位全覆盖。加强健康危险因素监测与评价，重点围绕健康环境、健康社会、健康服务、健康人群、健康文化等领域，推动做好完善环境卫生基础设施、开展环境卫生整洁行动、保障饮用水安全、加强农村改水改厕、改善环境质量、构建公共安全保障体系等工作。

（二）健康素养促进行动。打造全民健康素养促进行动品牌，推进健康促进县区、健康社区、健康家庭建设。继续开展健康中国行活动，以《中国公民健康素养——基本知识和技能》为核心，重点围绕合理膳食、适量运动、控烟限酒、心理健康、减少不安全性行为和毒品危害等主题，全面提升城乡居民在科学健康观、传染病防治、慢性病防治、安全与急救、基本医疗、健康信息获取等方面的素养。针对妇女、儿童、老年人、残疾人、流动人口、贫困人口等重点人群，开展符合其特点的健康素养促进活动。注重发挥医生、教师、公务员等重点人群在全民健康素养促进中的示范和引领作用。建立覆盖县区的健康素养和烟草流行监测系统，不断完善监测手段和方法，定期开展监测，为健康相关政策制定和策略调整提供依据。加强健康促进与教育对人群健康影响的实证性研究。结合大数据、移动互联网等信息技术发展和公众获取信息途径多元化特点，加大对健康素养促进适宜技术和用品的研究开发力度，提高健康教育服务的可及性和有效性。

（三）健康科普专项行动。建立卫生计生主管部门与新闻媒体主管部门协作机制，指导各地加强健康科普平台建设，重点办好省级健康类节目和栏目，规范健康科普工作，打造权威健康科普平台。积极推进健康科普示范和特色基地建设开发，评选和推广优秀科普作品，培养健康科普人才。建立健康知识和技能核心信息发布制度，建设健康科普专家库和资源库，为相关机构提供权威的专家和信息资源。配合制定媒体健康科普工作规范和指南，加强媒体从业人员培训和交流，鼓励和引导各类媒体制作、播放健康公益广告，办好养生保健类节目和栏目，促进媒体健康科普工作规范有序开展。加强健康科普舆情监测，正确引导社会舆论和公众科学理性应对健康风险因素。充分利用互联网、移动客户端等新媒体以及云计算、大数据、物联网等信息技术传播健康知识，提高健康教育的针对性、精准性和实效性。

（四）控烟专项行动。深入开展控烟宣传教育，创新烟草控制大众传播的形式和内容，提高公众对烟草危害的正确认识，促进形成不吸烟、不敬烟、不送烟的良好社会风尚。推进公共场所控烟工作，努力建设无烟环境，推动无烟环境立法，强化公共场所控烟主体责任和监督执法，逐步实现室内公共场所全面禁烟。深入开展建设无烟卫生计生系统工作，发挥卫生计生系统示范带头作用。强化戒烟咨询热线和戒烟门诊等服务，提高戒烟干预能力。推动相关部门加大控烟力度，运用价格、税收、法律等手段提高控烟成效。

（五）健康促进与教育体系建设工程。在党委政府的领导下，积极协调编制、发展改革、财政、人力资源社会保障等部门，制定健康促进与教育体系建设和发展规划。建立健全以健康教育专业机构为龙头，以基层医疗卫生机构、医院、专业公共卫生机构为基础，以国家健康医疗开放大学为平台，以学校、机关、社区、企事业单位健康教育职能部门为延伸的健康促进与教育体系。进一步理顺管理机制，形成统一归口、上下联动的工作格局。加快推进各级健康教育专业机构建设，强化基础设施建设，充实人员力量，改善工作条件，基于省、地市、县三级人口健康信息平台，建设专业化信息系统，强化健康信息规范共享，提升服务能力。建设国家、省、地市、县级健康教育基地。推进"12320"卫生热线建设。在县、乡、村级卫生计生服务机构明确承担健康教育任务，因地制宜推行基层计划生育专干转岗培训承担健康教育职能，大力培养城乡健康指导员，加强基层健康促进与教育服务力量。

六、保障措施

（一）加强组织领导。把健康促进与教育作为卫生与健康工作的重要任务来抓，列入目标责任制考核内容。强化与相关部门的协同配合，充分整合系统内资源，加强顶层设计，制定本地区健康促进与教育工作规划，完善考核机制和问责制度，做好各项任务的实施落实工作。

（二）加大经费保障。推动政府将健康促进与教育工作纳入经济社会发展规划，将必要的健康促进与教育经费纳入政府财政预算，按规定保障健康教育专业机构和健康促进工作网络的人员经费、发展建设和业务经费。确保中央补助地方的健康促进与教育经费落实到位，提高资金使用效益。

（三）做好实施监测。建立常态化、经常化的督导考核和监测评价机制，制定规划任务分工方案和监测评估方案，并对实施进度和效果进行年度监测与评估，适时对目标任务进行必要调整。对实施规划中好的做法和典型经验，要及时总结，积极推广。

国家卫生计生委宣传司关于印发健康促进县（区）"将健康融入所有政策"工作指导方案的通知

国卫宣传健便函〔2016〕22 号

各省、自治区、直辖市卫生计生委宣传处、健康促进处（健康促进工作主管处室），新疆生产建设兵团卫生局妇社处：

为进一步推进"将健康融入所有政策"工作，我司制定了《健康促进县（区）"将健康融入所有政策"工作指导方案》，现印发给你们，请指导你省（市、区）健康促进县（区）按照此指导方案开展相关工作。

国家卫生计生委宣传司

2016 年 1 月 28 日

（信息公开形式：依申请公开）

健康促进县（区）"将健康融入所有政策"工作指导方案

为推动健康促进县（区）建设工作，落实"将健康融入所有政策"策略，制订有利于人群健康的公共政策，特制订本指导方案。

一、目标

（一）总目标。健康促进县（区）党委和政府运用"将健康融入所有政策"策略应对健康问题，通过部门协作控制和减少健康的危险因素，提高人群健康素养和健康水平。

（二）具体目标。

1．建立"将健康融入所有政策"的工作机制；

2．建立公共政策健康审查制度。各部门拟订公共政策时，必须就该政策对健康的影响问题广泛征求意见和建议；

3．针对辖区重点健康问题，开展跨部门联合行动，部门出台相关公共政策；

4．加强"将健康融入所有政策"能力建设，完善健康促进工作网络。

二、工作内容

（一）宣传普及"将健康融入所有政策"理念。人群健康受社会、经济、环境、个人特征和行为等多重因素影响，诸多健康决定因素都有其社会根源。各部门制订的公共政策会对人群健康产生深刻的影响。健康促进县（区）卫生计生部门要主动向各级党政领导和部门负责人宣讲"将健康融入所有政策"的概念和意义。通过宣传倡导，促使县（区）各级党委和政府运用"将健康融入所有政策"策略应对健康问题，促使各部门充分认识到本部门工作对辖区人民群众健康具有重要意义，积极自愿地实施"将健康融入所有政策"策略。

（二）建立"将健康融入所有政策"工作机制。健康促进县（区）要采取"党委领导、政府负责、多部门协作"的工作模式，建立"将健康融入所有政策"的长期机制。一要明确责任。健康促进县（区）党委和政府是落实"将健康融入所有政策"的责任主体。各个部门及乡镇（街道）是"将健康融入所有政策"的执行者。县（区）党委和政府应把健康促进县（区）建设列入当地民生工程，制订"将健康融入所有政策"规划。二要建立领导协调机制。统筹现有与健康相关的协调机制，成立县（区）健康促进委员会（以下简称"委员会"）。委员会负责人应由党政主要负责人担任，成员应包括各个部门和乡镇（街道）的负责人。委员会下设办公室，负责日常协调和管理工作，办公室设在县（区）党委办公室或政府办公室。实行定期联席会议制度，共同审议和推动跨部门行动。三是建立"将健康融入所有政策"的工作网络。各个部门应有专门机构或专门人员负责，指定1名联络员，负责与办公室对接。县（区）成立健康专家委员会，负责为健康相关工作提供技术支持。

（三）形成公共政策健康审查制度。各部门和乡镇（街道）在行使部门职权时，要将健康作为各项决策需要考虑的因素之一。各部门和乡镇（街道）要在健康专家委员会的协助下，梳理本部门现有的与健康相关的公共政策，分析有无进一步完善的必要性和可能性，通过补充或修订相关政策措施，使得政策更有利于人群健康。在所有新政策制订过程中增加健康审查，即在政策的提出、起草、修订、发布等各个环节中，征求并采纳健康专家委员会和相关部门的意见和建议。

各部门和乡镇（街道）需定期向委员会办公室汇报公共政策健康审查工作情况，包括开展健康审查的政策数量、审查次数以及相关政策的制订和修订情况等。健康促进县（区）可与相关专业机构合作，在政策制订过程中探索开展健康影响评价，长期、动态地监测和评价相关政策对改善人群健康及其影响因素的效果。

（四）开展跨部门健康行动。健康促进县（区）要针对当地需要优先应对的健康问题，开展跨部门健康行动，出台多部门健康公共政策。需要优先应对的健康问题是必须借助多部门合作才能解决的健康问题。

健康促进委员会办公室负责牵头确定未来一段时间内需要优先应对的健康问题，提出可行的应对措施及可能涉及的部门清单，负责召集联席会议，商定参与跨部门健康行动的部门，并为每个部门设定公共政策开发目标。健康专家委员会和卫生计生部门负责为跨部门健康行动提供技术支持。相关部门明确政策开发目标后，根据当地实际选择适宜的政策开发形式，可对现有政策进行修订或启动新的政策制订计划，并在政策拟订过程中执行健康审查制度。

三、各部门政策开发重点领域

各部门应当结合本部门职责，针对特定的健康决定因素，出台有利于人群健康的公共政策（各部门政策开发的重点领域见附件）。

四、保障措施

（一）加强组织领导。党的十八届五中全会审议通过的《关于制定国民经济和社会发展第十三个五年规划的建议》，提出"推进健康中国建设"的新目标，对更好地满足人民群众的健康新期盼做出了制度性安排。健康促进县（区）各级党委和政府要将提高人民群众健康水平作为执政施政的重要目标，将健康中国建设作为贯彻落实"四个全面"战略布局，完善社会治理的重要内容，将"将健康融入所有政策"作为应对和解决健康问题的核心策略，纳入各部门和乡镇（街道）年度考核指标，切实做好人员、经费等各项保障。

（二）加强能力建设。加强各部门和乡镇（街道）"将健康融入所有政策"能力建设。定期对各部门和乡镇（街道）负责人员、联络员及相关工作人员进行培训。培训内容包括"将健康融入所有政策"的理念和方法，部门沟通和协调能力，公共政策开发和制订能力，健康场所创建、健康促进活动等。委员会办公室应建立定期交流制度，总结经验和教训，促进部门和乡镇（街道）间的交流。健康专家委员会和卫生计生部门负责提供技术支持。

健康教育专业机构是实施"将健康融入所有政策"的骨干技术力量。健康促进县（区）要加强健康教育专业机构建设，增加人员配置，加强人员培训，建议设置独立的健康教育专业机构。健康促进县（区）要加强与更高级专业机构以及有关科研院所、专业技术团队的联系，提升工作能力。

（三）加强监测评价。"将健康融入所有政策"是一个持续改善健康、促进健康公平的过程，应将监测评价贯穿到整个工作中。在问题提出和政策制订阶段，重点评价工作机制的建立情况、健康公共政策的制订过程；在政策执行阶段，重点评价健康公共政策的效果、成功经验和失败教训；在较长的时期里，监测健康及其决定因素长期发展趋势，政府、各个部门、公众对健康决定因素的认识和态度的变化。结合监测评价建立激励机制，提升部门和乡镇（街道）工作效果。委员会办公室领导监测工作，健康专家委员会和健康教育专业机构负责提供技术支持。

附件：各部门政策开发的重点领域

部门	政策开发重点领域	对应的健康因素
发展改革部门	加大对健康领域的规划和投资。将健康促进与教育纳入经济和社会发展规划，加强健康促进与教育基础设施建设和目标考核管理	健康资源
教育部门	提高学生健康素养和身心素质，改善学校卫生环境，预防控制疾病，开展健康促进学校建设	健康素养、健康环境、疾病防控
科技部门	加强健康领域科技投入	科研技术
工业和信息化部门	加强工业节能降耗，促进健康产业发展	健康资源、健康环境
公安部门	维护社会治安，减少犯罪，加强交通安全，加强消防安全	社会环境、意外伤害
民政部门	提高社会救助水平，加强医疗救助，加强社区健康和养老服务建设，支持健康领域社会组织发展	社会救助、社区服务
司法部门	提高司法援助水平，加强解决刑满释放和解除劳教人员的社会安置帮教，保障在押服刑人员健康	社会环境、疾病防控
财政部门	提高对健康领域的经费支持。要将健康促进与教育经费纳入预算，健康教育专业机构和健康促进工作网络的人员经费、发展建设和业务经费由政府预算全额保障	健康资源
人力资源社会保障部门	提高医疗、工伤、生育、养老等保险水平；加强劳动保护；将健康列为新入职干部培训的内容；优化卫生计生人员配置，改善卫生计生人员待遇	社会保障、健康资源
国土资源部门	科学规划土地利用和开发，加强耕地保护、地质环境保护和地质灾害防治	健康环境、健康资源
环境保护部门	预防、控制环境污染，严格环境影响评价，指导城乡环境综合整治，指导和协调解决跨地域、跨部门以及跨领域的重大环境问题	生态环境、生存环境
住房和城乡建设部门	加强城乡卫生规划，加强保障性住房供给，加强市容和村庄环境治理，加强园林绿化和健康步道建设，加强城乡供水建设和管理、排水及污水处理	住房条件、居住环境、生活环境
规划部门	在城乡规划中科学规划公共卫生、医疗、体育健身、公共交通等功能区	健康环境、健康资源
交通运输部门	发展公共交通；交通工具及机场、车站、港口等的卫生环境建设和无烟环境建设；保障交通安全；道路设计和施工中加强环境、健康保护	健康环境、生活方式与行为
水利部门	加强水资源保护，保障饮水安全，预防控制涉水性地方病、寄生虫病	饮水供给、饮水安全、健康环境
农业部门	提高农产品产量和质量，发展绿色有机农产品，推广有机肥和化肥结合使用，加强农药监督管理，加强农村人、畜、禽粪便和养殖业的废弃物及其他农业废弃物综合利用	食品供给、食品安全、生态环境、疾病防控

部门	政策开发重点领域	对应的健康因素
商务部门	在贸易发展、流通产业结构调整、促进城乡市场发展中加强有关标准体系建设，体现卫生、环保等方面的要求，配合加强各类商品现货市场及商贸服务场所卫生工作	健康环境
文广新部门	加大健康政策和知识宣传力度，加强支持和监管健康类节目、栏目，确保健康公益广告的投放时长，倡导建立健康文化氛围	健康素养、健康文化
卫生计生部门	加强健康促进与健康教育，深化医药卫生体制改革，加强对其他部门健康公共政策制订的技术支持	健康促进、健康素养、医疗卫生服务
审计部门	加强对医疗保障基金、健康类财政资金的审计	健康资源
国资部门	在国有企业中开展健康促进企业建设	健康环境
市场监管部门（工商、质监、食药）	加强食品安全监管，防范区域性、系统性食品安全事故；开展食品药品安全宣传和从业人员健康知识培训；加强健康相关产品和服务的监管；加强健康类知识产权保护	食品安全、健康环境、健康资源
体育部门	加强公共体育场地设施建设，推动全民体育健身活动，开展运动健身知识科普活动，加强科学健身指导服务	健康环境、生活方式与行为
安监部门	提高安全生产水平，加强职业卫生防护和管理，开展健康促进企业建设活动	健康环境、意外伤害、疾病防控
统计部门	加强"将健康融入所有政策"相关指标的研究制订、收集和发布	健康政策和信息
林业部门	加强植树造林，加强自然保护区建设管理	生态环境
畜牧部门	提高畜禽产品产量和质量，加强人畜共患病防控	食品供给、食品安全、疾病防控
旅游部门	加强旅游景点卫生环境治理，保障旅游安全和旅游紧急援助	健康环境、意外伤害
宗教部门	向宗教人士和信教群众传播健康理念和知识	宗教文化
粮食部门	确保粮食安全和应急供应	食品供给、食品安全
宣传部门	把健康文化作为社会主义精神文明建设和提高中华民族文明素质的重要内容，纳入创建文明城市、文明村镇活动规划，动员全社会广泛参与	健康环境、健康文化
编制部门	加大对健康促进与教育工作的倾斜力度，确保健康教育专业机构的人员编制数量满足工作需求	健康资源
工会、团委、妇联等部门	动员广大职工、青年、学生和妇女，积极组织和参与所在地区和单位健康促进及健康场所创建活动	健康环境、健康素养

附录二　国外健康影响评价指南（编译）

新西兰对政策的健康影响评价指南（编译）

一、概述

从理想化角度上，各部门政策制定者应对所有重要政策进行健康影响评价。2004年，新西兰公共健康顾问委员会（The Public Health Advisory Committee，PHAC）专为政策制定者编写了《健康影响评价指南：新西兰政策工具》（以下简称"指南"），供中央和地方部门政策制定者在评估政策对人类健康的影响时使用，社区和企业组织也可以使用该指南。健康影响评价（Health Impact Assessment，HIA）最初适用于非卫生部门的政策，但是卫生政策制定者也可以利用该指南评估卫生政策对健康公平性的潜在影响。

指南建议在经验丰富的公共健康专家指导下实施健康影响评价，并强调跨部门合作可以将政策制定机构的专门知识与公共健康知识和健康影响评价经验结合起来，确保从不同角度的思考和整合。

指南指出公众参与的重要性。在国际上，公众参与被视作健康影响评价的核心价值。公共参与对于健康项目的开发和实施以及改变个人对健康的态度有着积极的影响。

指南在介绍了什么是健康影响评价、为什么要实施健康影响评价以及谁应该来实施健康影响评价的基础上，重点对如何实施健康影响评价分步骤进行了介绍和案例分析。此处对指南各部分做一简单介绍。

（一）什么是健康影响评价

健康影响评价是用于评价和判断某种政策对人群健康以及健康公平的潜在影响和这些影响在人群中的分布情况的一些程序、方法和工具的综合。健康影响评价可用于中央和地方政府的政策制定，在早期政策制定阶段实施最为有效。

主要有两种类型的健康影响评价：政策层面健康影响评价和项目层面健康影响评价。

在新西兰，项目层面健康影响评价通常包含在项目资源管理过程中，在《资源管理法案》框架下，遵循新西兰公共健康委员会（Public Health Commission）于1995年出版的《健康影响评价指南：对公共健康服务者、资源管理机构及申请机构的指导》。然而，针对政策对健康及健康公平的影响评估，目前新西兰尚未建立完整的体系，在国际上也是一个相对较新的领域。

在针对政策的健康影响评价中，优先考虑的是健康及其决定因素。健康影响评价是一种前瞻性方法，可用于任何部门的政策制定。健康影响评价有助于寻找办法，实现下列目的：强化政策对健康的正面影响；减弱或消除政策对健康的负面影响；减少健康不平等。

（二）为什么要实施健康影响评价

健康影响评价的运用是实现可持续发展、跨部门合作和"政府全面参与"策略的一部分内容。

1. 帮助政策制定者使用可持续发展方法

可持续发展强调政策决策过程中，协同考虑经济、环境、社会和文化层面问题的重要性。健康影响评价在政府实施各类可持续发展活动中能起到巩固和辅助的作用。

2. 帮助政策制定者解决立法和政策方面的公共健康需求

健康影响评价有助于创建一个政策环境，以实现对各种潜在影响的关注，确认那些未曾确认的正面和负面因素。健康影响评价不仅强调对负面健康影响的评估，还寻求对政策的修订，以最大化该政策对健康的潜在正面影响。

3. 帮助政策制定者循证决策

健康影响评价能促进研究和其他证据在政策制定中发挥作用，强化研究和政策之间的联系，并阐明政策制定中权衡取舍的本质。

4. 鼓励政策制定者与其他部门合作，推动跨部门协作

健康影响评价有助于实现更加综合的政策制定和"政府全面参与"理念的推进。健康影响评价与其他跨政府行动措施是一致的。

5. 推动决策过程中的参与性和协商性

健康影响评价要求政策制定者纳入广泛的利益相关者参与和协商，使政策制定过程更加透明。这些利益相关者包括社区代表（在某些情况下参与）或一系列政府部门或非政府组织。健康影响评价使不同利益团体以一种非对抗性的、社团的方式进行协商合作。

6. 改善健康，减少健康不公平

健康影响评价不是"灵丹妙药"，但健康影响评价可以更精确地量化健康影响，至少能够确保政策不会对健康产生严重的负面影响，从而提高人群的整体健康水平。健康影响评价还能确保政策不会加剧或延续现有的不平等，从而有助于减少健康不公平。

7. 帮助政策制定者考虑怀唐伊条约[①]的意义

怀唐伊条约是新西兰健康影响评价的一个重要背景内容，是新西兰的奠基性文件，在健康立法和更广泛的公共政策环境中占有举足轻重的地位。怀唐伊条约对英国王室和毛利人都有影响，健康影响评价是一种有助于确保相关政策考虑这些影响的方法。健康影响评价还可以促使文化的改变，使政策制定者能时刻将健康纳入考虑。

毛利人因过早死亡和疾病发病所致疾病负担异常沉重。即使将其社会经济地位考虑在内，毛利人健康水平依然较差。这就意味着，确保新政策对改善毛利人的健康和福祉，减少毛利人和非毛利人之间的健康差异非常重要。怀唐伊条约为增加对毛利人健康的关注提供了合法依据，在此条约框架下，毛利人的健康不平等问题应得到解决。因此，指南中的评估工具包括对相关政策对条约原则（即合作、参与和保护）遵守情况以及由此产生的对毛利人家庭和社区健康与福祉的影响评估。

二、如何进行健康影响评价

在新西兰，健康影响评价过程包括四个阶段：筛选、审查、评估和报告建议、监测（见附图二-1-1）。其中第三阶段包括三部分内容：①选择一个评价工具；②完成影响评估；③提出切实可行的建议，强化正面影响，减弱负面影响。

在附图二-1-1 中，这四个阶段的呈现尽管有明显的先后区分，但在实际操作中，各阶段之间可能会发生重叠，每个阶段也可能会重复。

新的政策评估方法（如健康影响评价）的正式使用，将对现有政策制定过程形成挑战，如会延长政策制定时间或需要纳入其他相关方参与政策制定过程。一种既使用健康影响评价又能达到最大效益的方法是，在政策制定过程的早期阶段引入健康影响评价，并为其分配相应的时间和资源。同时政策制定者要认识到，健康影响评价是能够强化其政策影响的一种实用技术，而非外部强加的任务。

---

① 怀唐伊条约（Treaty of Waitangi）的原则：a. 合作：与部落、子部落、家庭和社区合作，为毛利人健康的改善制定策略，提供适当的健康和残障人士服务。b. 参与：在健康和残障人士服务的决策、规划、开发和提供上，允许各级部门毛利人的参与。c. 保护：保证毛利人至少能够与非毛利人拥有同等健康水平的机会，保护毛利文化观念、价值观和习俗。

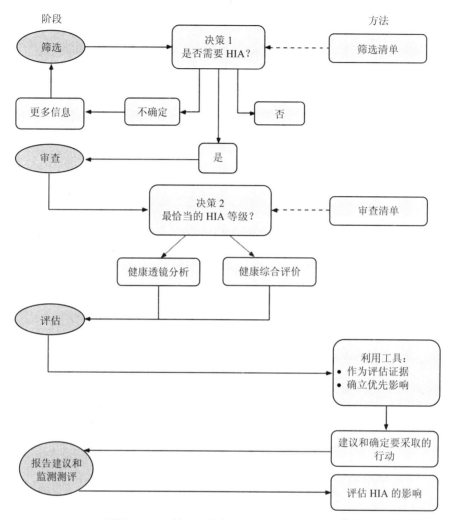

附图二-1-1　新西兰健康影响评价（HIA）过程[①]

（一）第一阶段：筛选

筛选是健康影响评价的第一阶段，也是最基本的阶段。这一阶段适用于所有的情况，与拟定政策的特定性无关，也不须考虑所用的评价工具是什么。

筛选的主要作用是作为一个选择程序，快速判定拟定政策影响人口健康的可能性以及是否有必要进行健康影响评价。通过观察潜在健康影响的本质和可能影响范围，对是否有必要进行健康影响评价做出决定。

参与筛选过程的人员，应根据拟定政策和相关的组织机构背景来确定。目前并没有一

---

① 该流程的要点：①先定政策再评价，②深入理解政策，③由权威资深者发起，④关注评价结果，⑤组建专家团队，⑥吸纳毛利人参与，⑦多领域开展研究，⑧保证有效沟通，⑨确保各层面间关系良好。

种单一的最佳建议。可以邀请外部专家（如公共健康相关人员、学者）共同进行筛选。关键的一点是，参与筛选人员中至少有一个人（当然最好是所有人员）对健康决定因素及其对健康的影响有很好的了解。在某些情况下，某些感兴趣的团体或社区代表可能会提出一些大多数群体尚未认识到的问题；也可能会出现另一种情况，某些潜在健康影响并未引起公众关注，在这些情况下，纳入相关专业人员的参与是必要的。

对需要进行健康影响评价的政策进行清晰地描述非常重要。健康影响评价应至少考虑两种选择，是采纳新的决策还是保持现状。附表二-1-1 是一份筛选清单，用以帮助判定进行健康影响评价是否必要和恰当。通过该表可以得到三个不同的结论：

（1）有必要进行健康影响评价。

（2）没有必要进行健康影响评价，但可以就如何减轻负面健康影响提出建议。

（3）由于信息不足，目前尚不能做出判定。需要在获得更多信息之后，重新启动筛选程序。

附表二-1-1　筛选清单

问题	您的回答		
据您所知：	应该实施健康影响评价	无须实施健康影响评价	针对每个问题的回答，您的确定性程度：（高、中和低）
拟定的政策变更是否产生正面健康影响？（思考是否对健康决定因素如社会经济、环境、生活方式等产生影响）	是/不知道	否	
拟定的政策变更是否产生负面健康影响？	是/不知道	否	
潜在的负面健康影响是否会波及很多人？（包括对将来和隔代影响）	是/不知道	否	
潜在的负面健康影响是否会造成死亡、伤残或入院风险？	是/不知道	否	
对弱势群体而言，潜在的负面健康影响是否会对其造成更为严重的后果？（思考哪些群体会受到影响）	是/不知道	否	
潜在的负面健康影响是否会对到毛利人造成更为严重的后果？	是/不知道	否	
大众或社区是否关注政策变更所产生的潜在健康影响？	是/不知道	否	
对可能产生哪些潜在健康影响的判定是否存在不确定性？	是/不知道	否	
健康影响评价的实施是否有政策制定者的支持，或组织机构内的政治支持？（如果组织机构内的政治意愿不够，则本阶段所收集的证据可用以倡导动员）	是/不知道	否	

（二）第二阶段：审查

审查的目的是为健康影响评价的实施打下基础，其目标是明确健康影响评价所需要考虑的关键问题，剔除那些占用时间和金钱的其他问题。审查是一个简化版项目管理，尤其需要考虑公众对拟定政策的关注、技术问题以及如何组织实施健康影响评价。

在审查阶段，需要：①制定一份评估方案（或项目计划），对评估工作做出安排；②确定健康影响评价的层次水平和需要使用的评估工具。具体可参照附表二-1-2执行。

附表二-1-2　审查清单——选择健康影响评价的适宜水平

问题	回答	健康影响评价工具适宜水平的指导建议	综合性（高、低）
拟议政策变更的幅度是否很大？		变更幅度越大，工具的综合性应越高	
政策变更是否有重大的潜在健康影响？		潜在健康影响越重大，不确定性等级越高，工具的综合性越高	
政策变更需求的紧迫程度？		若紧迫性较高，可选择综合性较低的工具	
政策变更的时机是否与其他政策/议题相关？		若时机与其他政策的制定相关联，且时间表比较紧，可选择综合性较低的工具	
政治利益水平有多高？		政治利益水平越高，工具的综合性越高	
是否有其他政治考虑？		政策变更的政治复杂性越高，工具的综合性越高	
公众利益水平有多高？		政策变更的公众利益水平越高，工具的综合性越高	
是否存在开展工作的"机会窗口"（有利时机）？		思考是否存在"机会窗口"（如时效性、货币、政治支持）。如果"机会窗口"即将关闭，可以选择综合性较低的工具	
可利用的人力资源水平如何？		可利用的人力资源水平越高，工具的综合性越高	
是否有健康影响评价资金支持？		资金支持水平越高，工具的综合性越高	

健康影响评价是一个迭代过程，审查阶段有可能贯穿整个健康影响评价过程。如果后续收集的证据不支持之前的某些假设，则需要返回审查阶段，重新进行一轮审查工作。在此也提醒健康影响评价工作者，一次性确定所有的问题是不太可能实现的。

审查阶段的一个特殊目的是对健康影响评价工作"边界"（包括范围和分析深度）进行限定，并确定如何与其他工作关联。此外，明确健康影响评价的资源（包括项目团队）同样十分重要。通过制定评估方案明确工作具体内容是什么、由谁来做以及什么时间做。

组建健康影响评价项目团队非常重要。为了确保政策制定者对健康影响评价过程的"主人翁精神"、将健康影响评价作为其决策日程中的一部分并认真考虑健康影响评价结果，需要有 1～2 位政策制定高级官员或管理者负责健康影响评价（大型健康影响评价则可能需要一个项目委员会）。另一个就是健康影响评价评估工作组，由政策制定者或健康影响评价评估工作承担者组成。健康影响评价评估工作组成员的选择至关重要，通常需要技术/专业资质或经验，最好包括那些将进行实际操作的人员，而非仅仅顾问人员。在某些情况下，可以另外组建一支顾问小组，在工作过程中进行指导和建议。

另外，需要考虑工作过程的记录以及如何记录，譬如对培训班或咨询会等重要事件的影像记录。同时，评估方案还要考虑分享和沟通策略，即使只是限定在专家组或组织机构之间。分享的本质和程度取决于拟定的政策，如果健康影响评价不是由毛利人主导，则应将毛利人纳入健康影响评价团队之中。最后，在审查阶段还需要考虑如何评估健康影响评价的影响。

在审查阶段，可以围绕以下问题进行思考。包括：

（1）健康影响评价的目的和目标是什么？

（2）健康影响评价的深度和范围有多大（如针对哪些问题进行/剔除哪些问题？基于时间和地点，健康影响评价的范围限定？什么时间进行健康影响评价？需要多长时间？）？

（3）谁来执行健康影响评价，需要哪些技能？

（4）选择哪些方面的利益相关者参与？

（5）健康影响评价的地理范围有多大（如需要考虑的区域是某一行政区域或某一特定区域？整个新西兰？新西兰有孩子的家庭？……）？

（6）健康影响评价评估的时间跨度多大（如是关注未来 5 年？还是未来 20 年？……）？对未来的影响如何进行评估和权重？

（7）如果不对整个政策进行评估，需要评估的是哪些部分？

（8）有哪些政策需要纳入健康影响评价的比较之中：备选政策或与现状的比较？

（9）有哪些数据可用或需要收集哪些数据，来描述备选政策或现状？

（10）如果该政策的结果未知，需要做出哪些假设来进行结果预测？

（11）对于该政策，公众或社区的关注是什么？

（12）健康影响评价的关键咨询人有哪些（系统思考要纳入哪些重要人选）？

（13）能否制定一份评估方案，设定健康影响评价的主要活动和时间表？

（14）对健康影响评价影响的评估有哪些参数？

（15）健康影响评价及相关工作的预算和资金来源？

（16）健康影响评价可运用哪些评估工具（可参考评估阶段的内容得到初步答案）？

（17）是否有与法律要求相关联的事项（如资源使用许可、性别分析、咨询磋商的要求、立法影响陈述等）？

（三）第三阶段：评价和报告建议

本阶段主要是描述拟定政策对健康的潜在利益和风险，判断健康影响的本质和大小。本阶段包括四个部分的内容：

（1）确定与所评估政策相关的健康决定因素；

（2）利用评估工具来确定健康影响；

（3）评估健康影响的大小——被称为影响评估阶段；

（4）报告对政策所做出的可行性完善建议。

在针对政策开展健康影响评价时，需要对政策内容及其产生背景有正确的理解，以便做一个初步评估以确定健康影响评价需要考虑的关键问题（见附表二-1-3）。因此，对政策的清晰描述非常重要，包括对政策的定义以及政策实施后所产生的结果。对于政策而言，至少有两种选择，是保持现状还是做出改变。健康影响评价应当对这两种选择进行思考和比较。

附表二-1-3　理解政策所需考虑的关键点

政策内容	影响决策过程的问题
①目的和目标	①各方权衡
②内容和维度	②社会、政治和政策环境
③价值（显性和隐性的价值）和假设	（全国性的/地区性的）
④优先顺序/目标	③与其他政策或策略的关系
⑤目标人群/社区/团体	④政策中不可变动的方面
⑥产出	
⑦预期结果	

健康影响评价评估阶段的参与人员，除了来自研究领域、政策领域和健康影响评价评估机构的专家之外，社区信息来源非常重要。这些来源可以是社区团体或关键的个人，应根据审查和评价阶段所确定的政策影响区域、影响规模及大小等因素进行选择。

在制定健康影响评价评估方案时，可以考虑以下各类参与者：

（1）政府机构和法定咨询机构；

（2）子部落（hapū）、部落（iwi）、毛利人社区；

（3）第三级教育机构或资深从业者；

（4）专业机构；

（5）理事会、社区委员会；

（6）基于社区的非政府组织。

关于健康影响评价评估方法的选择，要认识到一点就是并不存在完美的评估方法。每种方法均有其优势和局限，均能在某种程度上确认和评估影响，并对影响进行说明。理想情况下，有一系列的方法可以用于健康影响评价的不同阶段中。如清单比较适合于筛选和审查阶段，而系统模型等方法对理解环境系统以及不同环境因素间的关联过程比较有用。

应根据健康影响评价拟评估的政策选择适宜的方法。可能的情况下，定性和定量评估方法的综合使用是比较理想的选择。以下评估方法可供参考：

（1）焦点小组；

（2）人口和区域分析（定量或定性）；

（3）情境评估（定量或定性）；

（4）健康危害识别和分类（定量或定性）；

（5）利益相关者研讨/培训；

（6）"有政策"和"无政策"的情境；

（7）调查；

（8）关键知情人访谈；

（9）头脑风暴；

（10）听众会（邀请公众听取专家提供的证据并做出评估）；

（11）德尔菲过程（专家和关键人员组成咨询专家组，参与咨询并逐渐取得一致意见，使用迭代过程决定权重和比例）；

（12）环境监测（定量或定性）；

（13）风险评估、风险沟通和风险管理；

（14）成本效益分析；

（15）测评。

以下对评价阶段相关的四部分内容，做逐一介绍。

1. 相关健康决定因素的确认

评价阶段的第一步是了解那些可能受所评估政策影响的健康决定因素或潜在健康影响。这在筛选阶段就有粗略涉及，但在评价与报告阶段将做得更加详细。

人们越来越多地接受这样一种观点，即人群健康的首要决定因素并不是健康服务，而是社会、文化、经济和环境。不论选择何种评估工具，都必须确认健康决定因素。

附表二-1-4 列出了影响健康和福祉的不同类别因素及其示例。政策不同，相应的健康决定因素也会不同。表中所列并非详细的清单或优先选择的因素清单，在实际应用中，还需以此为基础，根据拟评估的政策来确定适宜的清单。需要记住的一点是：健康决定因素可直接或间接地对健康和福祉产生影响。

附表二-1-4 健康决定因素的示例

类别	示例
社会和文化因素	社会支持、社会凝聚力；社会隔离；对社区和公共事务的参与；家庭关系；文化和精神参与；文化价值和习俗的表达；与毛利会堂或其他文化资源的关联；种族主义；歧视；对残疾人的态度；对偏见的恐惧；与土地和水的关系；犯罪率和对犯罪的恐惧；社区/地域的声誉；对安全的认知
经济因素	财富的创造和分配；收入水平；对住房的支付能力；就业、教育、培训的可获得性和质量；技能发展机会
环境因素（包括生活和工作条件）	住房条件和位置；工作条件；空气、水和土壤质量；垃圾处理；能源；城市设计；土地使用；生物多样性；具有文化意义的场所（如宗教场所、历史遗址）；温室气体排放变化；公共交通和通信网络；噪声；病原接触机会
基于人群的服务	以下服务的可及性及服务质量：就业和教育机会、工作场所、住房、公共交通、医疗保健、残疾人服务、社会服务、儿童托管、休闲服务、基本福利设施和警务服务
个人/行为因素	个人行为（如饮食、运动、吸烟、饮酒）；生活技能；人身安全；对未来的信心和对生活控制力的自信；就业情况；受教育程度；收入和可支配收入的水平；应激水平；自尊和自信
生物因素	生物学年龄

在健康决定因素的确认中，需要明确的一点是：在健康影响评价的评价阶段不可能对所有确认的健康决定因素进行影响评估，因此需要判定优先评估哪些因素，如影响人群最广、对弱势群体的影响尤其重大、影响毛利人或是利益相关者关注的因素。

采用头脑风暴、研讨会的方法进行健康决定因素的确认十分有效。可以纳入政策制定小组以外的人参与，如社会科学家、社区工作者、公共健康专家等。可结合在审查阶段确定的拟评估政策的目标及其预期结果、特定情境或对特定群体（如妇女、毛利人、残疾人、城市居民）的潜在影响进行确认。

2. 评价工具

结合审查阶段所选择的适宜评价等级以及确定的优先评估的健康决定因素，进行影响评估。

指南给出了两种评价工具——健康透镜分析、健康综合评价工具，在审查阶段需要选择使用哪种评价工具。

（1）健康透镜分析

该工具是一份简洁的问题清单（见附表二-1-5），需要使用者考虑一系列的问题，包括政策建议对健康决定因素和健康结果的潜在影响、对健康不平等和怀唐伊条约事项的影响。健康透镜分析适用于多种情景，如交通、住房或教育等政策领域。健康透镜分析的使用需要多学科团队支持。

在使用健康透镜分析时，以下几点事项可供参考：

①可以独自完成或者在专家指导下完成问题清单。如果涉及多人，可以采用研讨会形式进行头脑风暴，集中多数人的意见作为小组意见。

②回答附表二-1-5问题1时，要考虑每个已确认的健康决定因素。最简单的方式是对决定因素分组归类，从最为明显的一组决定因素开始。

③问题的回答可以用多种形式记录，可以简单列出问题答案，也可采用表格或矩阵式记录。一种在矩阵中记录答案的方式是采用符号，如正面影响用"+"表示，负面影响用"-"表示，中性用"0"表示。

④利用现有材料、资源或证据来辅助回答问题，如可获得的文献综述、学术研究、政策文件、信息发布文件、研究发现以及会议论文等。健康透镜分析没有必要（或没有时间）开展特定性工作。

⑤注意地域差别。某种健康影响在一个地区是正面或中性的，在另一个地区则可能是负面的。

附表二-1-5 健康透镜分析问题清单

1. 政策建议对已确定的健康决定因素有哪些潜在影响？	
（以下各组中的决定因素已在审查阶段得到确认）	
• 社会和文化因素 • 经济因素 • 环境因素	• 基于人群的服务 • 个人和生物学因素
2. 政策建议对健康结果的潜在影响有哪些？	
（根据问题1，依次考虑每个决定因素的影响）	
• 身体健康 • 心理健康	• 家庭和社区健康 • 精神（信仰）健康
3. 政策建议会如何处理合作、参与和保护原则（怀唐伊条约原则）？	
4. 政策建议对健康不平等的潜在影响有哪些？	
（考虑是否会减少或加大健康不平等，受影响最大的人群是谁？）	
5. 特别注意的是，政策建议将对残障人群产生怎样的影响？	
6. 政策建议会产生哪些计划外的健康后果？如何处理？	

在总结健康透镜分析结果时，可能因为对某些问题的信息和判断的不确定性，对政策建议、项目进行再次审查、对某些特定的健康决定因素进行核定或针对某个特定问题收集更多的信息。影响评估矩阵的完成也可能会导致后期开展更多的工作。

健康影响评价是一个交互式的学习过程，可以在不同的阶段和层次中重复进行，从而梳理出最重要的问题。

（2）健康综合评价

该工具用于对拟议政策进行检查评估，包括三个必须进行的内容：①政策建议对健康决定因素的影响评估；②对怀唐伊条约原则（即合作、参与和保护）遵守情况的评估；③对健康不平等的评估。每一个部分都必须进行健康综合评价。进行健康综合评价，应注意以下几个方面：

①在完成表格前，各成员之间相互提醒，就所做假设和预期的政策结果达成一致。

②回顾政策目标（政策目标是什么？现有的实施措施有哪些？）。

③确定整体优先的事项，重点放在影响大和需要优先考虑的影响方面。

④对备选的政策建议或健康结果场景进行评估。一个健康影响评价至少要对两种政策选择进行比较，从比较中通常能够发现重要的决定因素。

⑤不需过度纠结细节，严格要求和保持工作的连续性同样重要，要依据常识和实用性原则进行判断。

⑥对于某些重要的影响，如果回答不确定的话，可用问号标注，并回过头去进行充分的考量或收集更多的信息。

⑦此处的示例可能没有列出所有的潜在健康决定因素、健康结果或健康不平等，应有意识地突破常规，跨领域思考。

⑧该工具的使用需要花费一定的时间，切勿急躁冒进。

1）政策建议对健康决定因素的影响评估

利用矩阵对审查阶段所确定的健康决定因素进行再次严格的确认，确定最大的正面影响（或负面影响）以及关键问题或关注点，以帮助形成解决问题的建议。

附表二-1-6列出了可能受公共政策影响的一系列健康决定因素矩阵。根据所评估的政策，在附表二-1-6中填写与其相关的健康决定因素，补充未被列入的特定性决定因素，然后对这些因素进行排序和分组，完成矩阵。

附表二-1-6　健康决定因素矩阵

本政策相关的健康决定因素（审查阶段已确定）	描述政策对每个健康决定因素的影响	确认对影响的定量衡量指标[*1]或定性信息来源[*2]	对影响的可衡量程度？（分定性、可估测、可衡量三种）	每个健康决定因素对特定群体的不同影响[*3]	可能与本政策有交互作用的外部因素[*4]	参照第2列描述，总结对健康决定因素的影响[*5]

注：[*1] 此处含项目如失业率、收入水平变化；
[*2] 此处含项目如关键人物访谈、定性调查、轶事信息；
[*3] 对每个健康决定因素而言，本政策是否会加剧或减少群体间的健康不平等？特别考虑毛利人、低社会经济地位群体和残障人群；
[*4] 其他含对本政策健康影响产生作用（可能是累加作用、加强作用或减弱作用）的因素，如政策、立法或干预等；
[*5] 五种情形：正面、中性、负面、可用信息不足或不可能产生重大影响。

2）对怀唐伊条约原则（即合作、参与和保护）遵守情况的评估

通过回答附表二-1-7 所列出的问题，确保拟议政策考虑了合作、参与和保护原则。

附表二-1-7　与合作、参与和保护等原则相关的问题

1）政策建议如何提供与毛利人的有效合作？（合作原则）

2）政策建议如何为毛利人参与决策提供机会？（参与原则）

3）政策建议如何改善毛利人的健康结果？（保护原则）。请具体解释不同情况下改善程度。

4）根据政策建议对健康决定因素的影响评估阶段所考虑的健康决定因素，哪些对毛利人健康产生潜在影响？

- 心理和身体健康以及毛利人家庭/社区福利
- 毛利人家庭/社区的精神和文化价值观
- 残障人群及其家庭

3）对健康不平等的评估

本部分特别考虑拟议政策对健康不平等产生潜在影响的可能性。健康不平等可发生在多个方面，包括社会经济状况（Socioeconomic Status，SES）、年龄、性别、种族、残障情况和地理区域。

在新西兰，对社会经济状况（SES）的一个衡量指标是新西兰剥夺指数（New Zealand Deprivation Index，NZDep）。需考虑下列变量：是否拥有电话、收入（包括救济金或低于平均水平的收入）、就业状态、是否拥有汽车、单亲家庭、教育情况、住房所有权、居住空间。这些变量均与健康影响评价相关。

附表二-1-8 是一个健康不平等矩阵，针对每一项备选政策建议填写一份，并记录影响，最后确定对健康不平等的主要潜在影响。

附表二-1-8　健康不平等矩阵

可能发生健康不平等的领域	描述政策对健康不平等的影响	确认对影响的定量衡量方法	对影响的可衡量程度？（定性/可估测/可衡量）	对健康不平等的影响的总结（正面/中性/负面影响）
贫困和低收入群体				
年龄				
性别				
残障				
种族				
区域或局部地区				
农村地区				
其他				

3. 影响评估

这是评价阶段的第二个时期。前面已经使用了一种评价工具确认了拟议政策对健康决定因素、毛利人和健康不平等的潜在影响。影响评估将确认这些潜在影响的范围、本质、可衡量性和风险。为了保证这一过程的可控性，需要对已确认的影响进行排序，选择最重要的影响进行评估，要尽可能地压缩拟进行评估的影响清单。

关于拟议政策对特定健康决定因素的预期影响（直接或间接）或对健康不平等的影响评估，应考虑：

（1）影响发生的可能性；

（2）影响的严重性和受影响人群的数量；

（3）预期影响发生的可能时间尺度；

（4）证据的支持强度和类型；

（5）影响在人群中的分布情况，特别要考虑对毛利人的影响；

（6）在拟议政策中或者政策之外，加强正面影响和最小化负面影响的可行性措施。

切记：拟议政策对健康和福祉的正面和负面影响都需考虑。

附表二-1-9基于附表二-1-6至附表二-1-8形成，可用于标绘影响，记录预期健康影响的有关信息。

附表二-1-9 影响评估矩阵

拟议政策对健康决定因素、毛利人健康和健康不平等的潜在影响（直接和间接）清单		影响发生的可能性（低、中、高）	潜在影响的严重性或意义（小/低、中、高）*	潜在影响的范围（影响少部分或大部分人）*	产生影响的预期时间（短期、中期、长期）	潜在影响的可衡量性（定性、可估测或可计算）	加强正面影响或减弱负面影响的方案
正面	负面						
对健康决定因素的影响（见附表二-1-6）							
对毛利人的影响（见附表二-1-7）							
对健康不平等的影响（见附表二-1-8）							

*在寻求管理或缓和响应时，这两个方面都非常重要。例如，普通感冒可能对大片人群造成轻微的影响，而SARS会在小范围人群中产生严重影响。这一差别会对政策响应产生影响。

4. 报告

正式报告是健康影响评价的重要组成部分，但不必面面俱到。

报告是对过程和结果的重要记录，以反馈给健康影响评价过程参与者或支持者，并帮助那些将接受建议的人对建议产生背景有更好的理解。因此报告内容和形式应与其目的相适宜。报告形成过程中，决策者与评估者之间的良好沟通可以确保报告内容的适宜。

报告阶段将按照组织内部的报告程序来完成。该阶段的重点是对拟议政策提出实际可行的改进建议，以最小化负面健康影响和最大化正面健康影响。这些建议可以向政策制定或引入的机构或管理层以及利益相关者提出。

报告的内容，应根据评价工具的等级来选择。总的来说，综合性越高的评价要求报告的内容越详细。一份报告至少应包括：

（1）健康影响评价过程、所涉及的人员、组织和资源；

（2）实施健康影响评价所使用的方法；

（3）对怀唐伊条约原则（即合作、参与和保护）遵守情况的评估结果；

（4）对影响的评估结果；

（5）最大化正面影响和最小化负面影响的建议。

报告应提交给所有参与者、利益相关者以及咨询顾问。为保证报告结果的准确可靠，建议成立一个同行评审小组，对报告最终形成前进行审核。

评价的最后一个部分是提出结论和建议，以对拟定政策或方案进行调整。有四个层次的响应：

（1）信息不足：需要进一步收集信息，继续评价并重新填写评估表格。

（2）调整拟定政策，增强正面影响：拟定政策没有充分认识到那些提供或扩大健康效益的机会。

（3）调整拟定政策，应对负面影响：譬如人群中有某一确定群体会受到负面影响，需要进行调整。

（4）无须行动：目前没有可行办法来增强正面健康影响（或避免负面健康影响）。

建议的提出必须考虑复杂的社会、政治或物质环境、当前政策实施环境和在当地运行中的种种限制（如可使用资源、对健康的相对优先），还要考虑区域因素。另外，如果决策者之间对于需采取的行动观点不一，则需要进行协商。

需要注意的是，从健康影响评价角度提出的建议只是整个建议系统的一部分，还有很多从其他角度提出的建议（如经济分析、对性别或残障人群的影响）。健康影响评价的目的是预测拟定政策及其备选方案的健康后果，从而让政策制定者可以在健康、福祉和其他政策目标之间做出权衡。

在提出健康影响评价政策建议时，一般需要考虑以下问题：

（1）该决策可能的"受益者"是谁？有多少人？他们如何受到影响？

（2）该决策可能的"受害者"是谁？有多少人？他们受损失的程度有重？如何得到补偿？

（3）政策制定者会采取哪些措施来减少或减轻该决策对健康以及健康不公平的负面影响（如加强监测、制定预案等）？

（4）从哪些方面能够改变现有政策或做法，以加强正面影响或减少不同人群间的健康不公平？

（四）第四阶段：监测

监测阶段应纳入健康影响评价过程，不宜太复杂和宽泛，并在审查阶段就要进行计划。监测可以由负责健康影响评价的团队进行，也可以由外部第三方监测或同行评议。

监测包括过程评估和影响测评两个部分。过程评估是针对健康影响评价的实施过程，为今后开展健康影响评价提供参考。影响测评则是分析在最终政策制定中，健康影响评价建议被纳入考虑的程度。

由于健康结果受多因素影响、其影响途径多样，同时对健康结果追踪所需要的时间跨度长，因此，在实践中，往往很难做到对健康影响评价所预测的健康影响进行结果测评。不过，判定健康影响评价所预测的健康影响是否准确还是有可能的，虽然这是一个非常艰难的过程，只能在有充足资源的情况下，由技术娴熟的测评人员完成。

通过监测，可获得一些有价值的信息：

（1）健康影响评价过程如何通过深思熟虑得到改善；

（2）各种建议如何通过调整来实现促进健康的目的；

（3）如何通过影响评估阶段，保持健康影响评价预测更准确；

（4）如何利用资源，如经费、人员和利益相关者。

此外，监测还有如下意义：

（1）是向利益相关者和社区进行反馈的基础；

（2）在制度层面和利益相关者层面，使之恪守支持健康影响评价的承诺；

（3）在技术方法上进行了开发，使之可用于其他场合。

1. 过程评估所需要回答的问题

记录和保留健康影响评价过程及使用方法，包括时间、地点、所有资源（经费、执行时间、咨询等）以及参与者，将为后续开展更多的健康影响评价工作提供参考和借鉴。另外，还包括记录政策建议的目标、覆盖地理范围以及受影响人群。

过程评估需回答以下问题：

（1）健康影响评价使用的证据有哪些，如何利用这些证据来提出建议？是否对类似政策的结果进行了充分文献检索？

（2）在审查阶段所确定的问题是如何解决的？

（3）对弱势群体的潜在健康影响是如何发现和评估的？

（4）如何发现备选政策方案的健康影响？

（5）是否考虑过减轻最大负面影响的方法？

（6）用于确保健康影响评价决策过程透明性的方法是否有效，或是否有其他建议的方法？

（7）对已使用的资源（经费、执行时间等）而言，相关的机会成本是什么？

（8）健康影响评价建议是在何时以何种方式提供给相关政策制定者的？

（9）健康影响评价参与者对整个过程的看法。如果重新进行健康影响评价，他们会做哪些变动？

（10）健康影响评价的目标和目的是否已经实现？

2．影响测评所需回答的问题

（1）健康影响评价是如何用于政策制定和建议过程中的？

（2）作为健康影响评价的结果，相关政策建议是否进行了变动？具体有哪些变动？

（3）健康影响评价建议是否被政策制定者接受并采纳？若是，以何种方式，在何时被接受和采纳？若否，为什么？

（4）健康影响评价还带来了哪些意外收益？譬如伙伴关系建立、跨部门协作、"健康需求"的地位提高、健康被"列入议程"。

（刘建华　刘继恒　徐勇整理　钱玲　卢永审核）

美国加利福尼亚州《健康影响评价指南》的制定和实践

一、国际及美国健康影响评价背景

在过去的 20 年里，健康影响评价（Health Impact Assessment，HIA）已经发展成为全球范围内的一项独立性和专业性很强的公共卫生实践。从地方政府、社区、社会组织到大学和企业，健康影响评价实践拥有了多样化的主体，包括相关健康项目的发起者和受此项目影响的社区，都可能会向健康影响评价相关组织寻求帮助，请求对该项决策对健康和环境产生的潜在影响进行评估，或者以此来实现项目社区的知情权。目前，越来越多的公共健康机构和一些其他组织将健康影响评价作为一种手段，提高对于健康决定因素的公共意识，推动预防为主的理念，支持健康的公共政策以及推进跨机构跨部门的协同合作。

当前，在美国，各级政府都缺乏一般性的法律法规来明确要求进行健康影响评价，健康影响评价仍旧是一种自主的行为。因为健康影响评价只是发生在特定的领域，该领域既要有进行健康影响评价的能力，也要有对健康影响评价的需求。因此，在美国，目前健康影响评价的实施途径、方式和公众的参与大有不同。健康影响评价使用最为广泛的领域存在于环境、交通和土地使用规划方面。健康影响评价已经开始被应用于劳动、教育、司法、食物供应系统以及其他公共机构项目领域。相信在不久的未来，其应用的广泛性和对其规范性建设的要求，会随着对健康影响评价的重要性认识和接受程度的增加而发生悄然改变。以下基于 Rajiv Bhatia 博士编写的美国加利福尼亚州《健康影响评价实践指南》，对健康影响评价的步骤和内容进行阐释，以帮助我们对健康影响评价方法有更深入的了解。

二、健康影响评价的过程步骤和活动

健康影响评价（HIA）的过程步骤和活动要求见附图二-2-1。

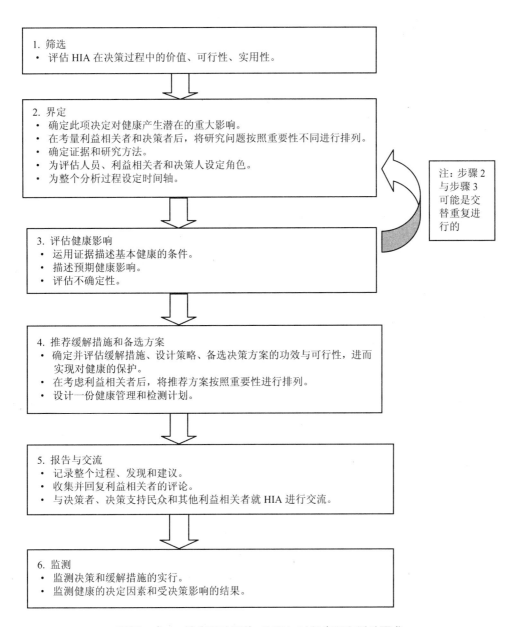

附图二-2-1　健康影响评价（HIA）过程步骤和活动要求

三、健康影响评价的过程步骤及其设计要求

1. 筛选

筛选是为了确定在某个决策制定时，进行健康影响评价的重要性和可行性。筛选首先起始于一项具体的决策或建议制定。决策可能是一项立法、一部法规、一个预算或财政策

略，也可能是土地利用、经济、资源开发计划，或重大基础设施建设项目。一旦一项决定或建议被确定，在评估健康影响评价价值时就要考虑如下众多因素。包括：

（1）决策对人口健康产生重大影响的可能性，特别是哪些影响是可以避免的、分布不均衡的、非自愿的、有害的、不可恢复的或是灾难性的；

（2）在利益相关者、决策制定者或受影响社会群体之间，对该决策的健康效应是否存在着争议；

（3）如果不进行健康影响评价评估，那么对这项决策的健康影响能否被很好地理解和管理；

（4）在健康影响评价中，对健康影响进行评估时，能否遵循政策或法律要求；

（5）健康影响评价评估结果对一项政策计划、政策或项目产生影响的可能性；

（6）健康影响评价评估过程中是否有大量资源和技术专家的支持。

健康影响评价应当着重关注那些极有可能对健康产生重大影响（如受众广泛、影响巨大或有失公平）的决策。在筛选过程中，发现一系列可能受到决策影响的健康决定因素，有助于确定存在的问题或可能产生的影响，具体可参考附表二-2-1。

附表二-2-1　公共（或私营）部门决策时可以被修正的健康决定因素

领域	健康决定因素
行为危险因素	饮食 体育活动/宅居 吸烟 饮酒 药物（毒品）摄入 休闲娱乐活动
就业和生计	就业和工作保障 收入和员工福利 工厂的职业危险性 工厂的奖励与控制
家庭和社区结构	相互支持/相互隔阂 家庭结构和关系 艺术和文化 信仰、精神财富和传统 犯罪和暴力
房屋政策	房屋供给、价格以及购房难度 房屋大小和拥挤程度 房屋安全性 小区周围的基建和宜居性

领域	健康决定因素
环境质量	空气质量 土壤是否受到污染 噪声 疾病媒介 自然空间和生活环境 洪水、野外火灾和滑坡灾害 交通危险性 食物资源和其安全性 水资源和其安全性
公共服务	受教育机会和教学质量 医疗渠道和医疗水平 交通 公园和休闲中心 垃圾处理系统 警察/安全保障和急救反应
个人服务	金融机构 食品资源零售业 幼儿托管服务
政治因素	公平问题 社会接受程度 歧视问题 政治参与度 言论和出版自由度

2. 界定

界定的目的是确定健康影响评价期间，进行评估和沟通交流所关注的问题及使用的方法，包括利益相关者参与的策略等。界定是健康影响评价过程中的不同参与者确立其各自的角色和责任的过程。界定建立在筛选之上，并回答以下问题：

（1）谁将进行此项分析（如果仍未决定其操作者，那么分析将受谁的监管？）？

（2）评估的时间框架是什么样的？

（3）有无特别的备选方案被考虑？

（4）哪种潜在的健康影响将被分析？

（5）影响分析的地理与时效性边界是什么？

（6）最易受影响的人群是谁？

（7）将使用什么数据、方法和分析工具？

（8）健康影响评价将怎么描述健康影响？

（9）哪些专家和关键知情人将参与其中？

（10）在健康影响评价的评估过程中，对利益相关者的参与以及公众的意见将如何处理？

（11）健康影响评价怎样沟通以及结果怎样汇报？通过谁来进行？

范围界定需要确定评估阶段所使用的现有数据来源和研究方法。就这一点而言，公共健康专业知识在健康影响评价的界定阶段发挥着至关重要的作用。因为各级公共健康机构负责进行疾病监测、维护人群健康数据系统（如人口动态统计、传染病报告等基础健康状况）以及确认和理解潜在的健康风险。所以就这点而言，公共健康专业须在健康影响评价的界定阶段发挥着至关重要的作用。根据决策的本质，界定需要来自其他学科的广泛的专业知识，如规划学、环境管理学或交通学。只有了解这些学科知识，才能理解决策的直接效应以及评估这些直接效应的方法。

因果模式是常用的一种方法。因果模式（也称因果框架或路线图）在公共卫生领域里，它被用来描述环境、社会条件、风险以及恢复力等因素是如何影响健康的。因果模式的应用对公共健康研究和干预的设计均有帮助。因果模式在拟订决策与其潜在的健康影响之间建立了联系，因此每一种健康影响评价都可从中受益。如附图二-2-2所示，它分析了美国加利福尼亚州一项将国家补贴应用在公共住房的政策所产生的健康影响。

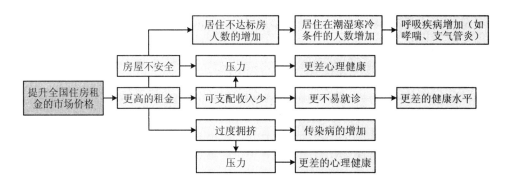

附图二-2-2　提升房租价格对健康的影响机制

3. 评估健康影响

评估是为了描绘出备选决策给健康带来的潜在影响，这些备选决策是建立在可利用证据之上的。评估健康影响可遵循如下策略：

（1）确定出受影响人群的现有（基线）状况，包括健康状况、健康决定因素及其健康最易受到决策影响的方面。

（2）描绘出备选决策对健康的预期影响。

（3）对该描述结果的可信度和确定程度的评估。

评估是建立在界定工作完成的基础上的。界定阶段确认了产生健康影响的机制以及评估这些影响的措施和具体分析方法。界定和评估阶段往往是要重复进行的。随着新信息的补充和实际操作的限制，那些在界定阶段选出来的问题、数据和方法在评估时需要进行修正和改变。

在取证和描述健康影响的过程中，如何识别信息是非常重要的，这就要求权衡和解析各种证据。证据和信息可能包括可利用或出版过的数据，环境措施和初始定性、定量分析的结果。以下是健康影响评价中常见的证据和评估方法的类型：

（1）利用最新人口统计数据和健康数据，如人口普查数据、调查数据、生命统计数据、监测管项目和机构报告等，描绘出健康现状和健康决定因素。

（2）测量和评估环境中一些具有危害性的物理因素，如空气、土壤和水里的有害物质，噪声，放射性物质，洪水、火灾、滑坡等危险状态以及伤害风险等。测量的环境参数也被应用于评估公共健康资产和资源，包括水域、土地、农场、森林和基建设施、学校和公园等。

（3）绘出人口统计数据、健康数据和环境措施与空间结合的示意图，来确定出地点、人口数量、环境条件以及热点问题之间的空间关系，或风险强度的空间差异。

（4）实证研究，特别是流行病学研究，能够提供证据，从而描绘出健康决定因素和健康结果之间的关系，并在可能的情况下量化出它们之间的关系。

（5）定性方法。包括专题小组讨论和结构式或非结构式访谈，帮助评估者分析居民对现有状况、脆弱性的认知，了解居民日常生活经验以及他们所经历或察觉到的威胁。

下面以"加州车速自动监测摄像机对减少行人受伤频率和严重程度的影响"和"带薪病假对预防传染性流感的益处"为例，来分析健康影响评估环节的实施基本步骤和注意的关键点，详见附表二-2-2。

附表二-2-2　健康影响评估的程序用于两案例实践探索

步骤	车速自动监测摄像机对减少行人受伤频率和严重程度的影响	带薪病假对预防传染性流感的益处
1. 评估和权衡因果效应的证据	• 使用关于车速自动监测和速度降低的系统综述。 • 分析有关汽车速度和事故频率关系的文献。 • 分析文献中关于冲击速度和事故严重性关系的观点。 • 了解文献中关于影响汽车速度的道路和行为因素的观点	• 为了降低传染性流感的传播，在工厂和学校中所采取的公共场所隔离措施。分析文献中关于这些措施的观点。 • 分析为应对短期疾病而采取的带薪病假对患者本身以及其子女所带来的益处。 • 分析受益人群和未受益人群统计方面的特征。 • 分析文献中认为带薪病假符合隔离政策的原因

步骤	车速自动监测摄像机对减少行人受伤频率和严重程度的影响	带薪病假对预防传染性流感的益处
2. 收集和分析满足基本需要的数据	• 确定当前居民人口数目和不同年龄层人口的数目，如统计城区人数。 • 通过城市的测速器，收集公路机车速度数据。 • 根据因不同路况而设定的限速，描述出城市中车速的分布。 • 统计出最近 5 年来行人受伤的频率以及最近 10 年来行人死亡的频率	• 统计全国常住人口的年龄、就业状况和职业分布。 • 根据职业和家庭人数，描述带薪病假的可行性。 • 统计出每年感染传染性流行病毒的人数以及近期的流感种类
3. 定量估计	• 选择暴露和结局数据：汽车速度分布、行人受伤频率以及行人死亡频率。 • 根据对车速干预（包括车速自动监测、限速的改变和区域内设置障碍）的评估，假设几种减速场景，并估计在此条件下的车速分布。 • 选择速度改变与事故频率变化之间的最佳暴露-反应模型。 • 选择撞击速度改变与伤害致死率变化之间的最佳暴露-反应模型。 • 使用暴露-反应模型和备选的暴露场景，计算出在不同场景下的伤害发生率和死亡率	• 因为数据不充足，定量估计无法进行
4. 找出预期健康效应的特征	• 评估因速度改变导致伤害负担和伤害严重性发生改变的可能性大小。 • 描述不同场景下行人受伤频率发生改变的程度大小。 • 描述不同场景下行人死亡率改变的程度大小	• 评估是否会出现因带薪病假天数的改变而导致累积发病率发生改变。 • 预估新型流感病毒所带来疾病的严重性。 • 使用证据，判断符合社交距离政策的带薪病假的影响。 • 描述出"待在家里"的影响范围。在不同模拟场景下，研究旨在降低流感发生率的社交距离政策
5. 评估这些预测的健康效应特征的确定性	• 仔细考虑以下不确定因素所带来的影响：速度数据的代表性、观测速度和撞击速度的关系、速度-伤害的暴露-反应模型在行人受伤估计中的运用、实际干预场所与研究环境之间的差异。 • 在多种假设之下，进行敏感度分析（如假设车速大于事故速度）	• 描述以下参数的不确定性：由不同病症导致的病假的数据、概括现在拥有带薪病假福利的人群和没有该福利的人群

4．推荐缓解措施和备选方案

健康影响评价的一个主要目的就是确定出决策或项目设计的备选方案或缓解影响的措施，得以保护和促进健康。推荐的缓解措施和备选方案应当在健康影响评价中详细描绘出对健康的影响，并证明推荐方案的合理性。缓解措施和政策或项目设计的备选方案应当有关于其可行性和有效性方面的证据支持。而且，如果可能的话，还需要估计推荐方案对预期健康影响带来多大的改变。

因推荐的方案和措施是针对性地分析某个特定种类的项目或计划的，所以本指南中没有涉及潜在的备选方案和缓解措施。不管是什么方案和措施，在设计、评估和优先排序策略时，都需要准确了解：

（1）政策和决策的过程。

（2）拟订的项目、计划或政策。

（3）对现有政策实施、实践设计和缓解措施的了解和研究。

当资源有限时，健康影响评价应当根据备选方案或缓解措施的健康收益、成本和可行性选择优先考虑的方案或措施，选择优先的过程应当涉及决策者、项目支持者和利益相关者。当各方经过很长时间协商就建议方案达成一致时，各利益相关者就可以正式实施该项目了。

选择备选方案和缓解措施可参考如下标准：

（1）对预期影响做出的响应；

（2）基于有效的实证；

（3）技术上的可行性；

（4）政策上的可行性；

（5）经济上的高效性；

（6）多目标；

（7）没有负面的外部影响；

（8）可实施性。

5．报告和交流

健康影响评价旨在预防决策所带来的未知影响。因为健康影响评价人员常常不是决策者，所以有必要与决策过程的利益相关者就所发现的问题，进行有效和广泛的交流。

一份健康影响评价报告应当清晰地描述健康影响评价的过程和其调查结果。一份全面的报告应当明确所有的参与者及他们在健康影响评价中的角色，并且描述出筛选和界定的过程。对于每个健康影响评价中分析发现的问题，报告还应当讨论其使用过的科学证据，描述最新的情况，描述使用的分析方法、文件并解释所得结论，描述健康影响的特点及重要性。如果必要，需要列出对于政策、计划或项目的建议（包括缓解措施和备选方案）。

建设性的决策、政策或缓解措施应当与影响评估结果密切相关，并且应当根据其可行性和有效性进行判定。

编写报告时应当使用目标读者的语言，目标读者包括决策者、负责的官员和决策的利益相关者。健康影响评价报告需要简明扼要。不论影响或建议的方案是否能够成为现实，一份成功的报告常常需要关注于那些关键信息。健康影响评价的调查结果可能是基于影响的特征进行优先排序的，如影响的重要程度、对弱势人群的影响、观测到的公众焦虑问题或证据的质量。

调查结果的"框架"对于交流的成功与否具有重要的作用。为公共健康的消息制定框架时，常常需要与一系列对健康负有责任的人群进行交流。具体交流框架可以参考附表二-2-3。

附表二-2-3　健康影响评价的交流形式

常用书面形式	全面的健康影响评价报告 行动纲要 情况说明书 新闻报告
正式决策过程涉及的形式	公共听证会的证词 公众评论和响应的过程（在环境影响评估中，管理标准的设定过程、许可证的批准等） 立法简报
其他的传播媒体	专栏评论、给编辑写信 与编辑委员会会面 一些组织的内部通信、邮件和宣传材料 职业场所或社区委员会进行的讨论 挨家挨户发放宣传材料 畅销杂志中发表文章 同类评论杂志的文章 以图表形象的陈述 广播、电视、采访 网站、博客

6. 监测

决策实施后，就要启动实时监测，以确保健康防护的长期效果。监测不仅涉及实际的健康效果，还覆盖决策实施的过程。过程监测主要关注决策与双方共同议定的方针、计划、程序设计、相关条例或必要的预防措施是否相符。效果监测主要预测决策实施过程中影响健康的决定因素和人口健康状况的变化。在某些情况下，效果监测可以提供早期预警系统，及时发现意想不到的效果，从而影响健康防护决策的调整。

监测的第一步是确定关键过程和最终的效果。实施关键过程监测需要确定关键的时间表或对推荐的健康保护条例或缓解措施进行实施依从性监测。向管理或决策机构所提交的缓解措施监测计划常用于环境影响评价中，因此又被称为环境管理计划（EMP）或影响管理计划。一项缓解措施监测计划不仅要明确记录缓解措施，也要明确相关机构职责和角色，以确保缓解措施实施和进行过程记录。缓解措施管理计划和监测计划通常会列出需要减缓的潜在影响、对所需缓解措施的描述、实施责任和进度安排、需要进行的监督和审计、针对意外影响的应急措施等条款。目前，完整的健康影响评价的缓解措施管理和监测计划的成功案例寥寥无几。附表二-2-4 是基于环境管理计划的典型组成部分所建议的计划要素。

附表二-2-4　环境管理监测计划表

影响总结	应确定或简要总结预期可能影响缓解措施的环境和社会因素。建议交叉应用环评报告或其他文件
预防措施描述	在任何情况下，凡涉及相关缓解措施，都应作简要描述（如连续或偶然发生的事件）。这些措施都应与项目设计和操作程序挂钩，这些设计和程序用于解释实施各种措施的技术问题
监测程序描述	监测程序应该明确指出影响环评报告、测量指标和检测范围（在合适的地方）的因素和采取正确行动的定义之间的联系
制度安排	应明确缓解措施实施和监测的责任，包括对负责缓解措施实施的不同人员之间的协调安排
实施计划和报告程序	缓解措施实施的时间、频率和间隔应该在实施计划中作详细说明，并阐明整个项目实施的各个环节。同时，还应详细说明在各个过程中促进事情发展的详细信息和缓解、监测措施引起的后果
投资估算和资金来源	有关环境管理计划中的所有措施的初期投资和经常性费用也应做详细说明，并综合考虑项目总成本以及是否需要贷款

（张玉珍　李星明整理　钱玲　卢永审核）

澳大利亚健康影响评价指南

一、背景

健康影响评价（Health Impact Assessment，HIA）是一个非常有用的工具，是系统地识别并审查某项活动的潜在正面影响和负面影响的过程。《澳大利亚健康影响评价指南》概述了健康影响评价在某项活动提议中的重要性，讨论了提议者和政府机构的职责，以及进行健康影响评价时需要考虑的一些关键的健康问题，并描述了健康影响评价的基本原理、涉及的主要步骤、用途，能为已提议的项目/政策进行的健康影响评价给予指导。

本指南主要针对环境（自然环境和人造环境）领域的健康影响评价，以达到更好地维护和促进健康的目的。指南旨在在各个司法管辖区已有的立法架构内，通过将健康影响评价并入环境和规划影响评估，提高对与发展相关的健康影响的关注。同时使特定规划、项目或工程的健康影响最优化（即：使负面影响最小化，使正面影响最大化）。

1. 健康影响评价是什么？

不同的机构采用不同的方式定义健康影响评价，但有一个普遍的共识，世界卫生组织（World Health Organization，WHO）欧洲区办事处于 1999 年发布了《哥德堡共同声明》（*The Gothenburg Consensus Paper*）。定义健康影响评价为："判断政策、规划、工程项目对人群健康潜在影响及其影响分布的程序、方法和工具。"

2. 为什么进行健康影响评价？

进行健康影响评价的目的是确保明确并均衡地考虑了政策、项目和发展规划（与本指南相关）对人类健康带来的潜在影响。

3. 健康决定因素是什么？

基于世界卫生组织对健康的定义，影响健康的因素非常广泛。主要包含以下几类。

（1）确定因素——基因、性别、年龄等；

（2）社会经济因素——贫穷、就业、社会排斥、社区基础设施建设等；

（3）生活方式和行为因素——饮食、体育活动、吸烟、饮酒、性行为、毒品、应对技能等；

（4）社会服务因素——教育、健康服务、社会服务、交通、休闲娱乐等；

（5）环境因素——空气质量、噪声、住房、水质量、社会环境、伤害风险、接触、疾病媒介等。

4. 潜在的健康影响有哪些？

一旦健康决定因素改变，就会产生一系列潜在健康影响。健康影响评价中需要考虑的潜在健康影响主要包括以下方面。

（1）一般环境因素对健康的影响：

1）公共基础设施（水供应、排水设备、废物管理、健康、教育和其他政府服务）需求的增加和/或条件的改善；

2）急性危害风险，如运输或材料处理中的火灾；

3）机动车辆的运行导致伤害风险或空气污染；

4）生态系统的损害；

5）气味、噪声、尘土、昆虫、振动、便利设施等变化对健康的影响；

6）鼓励/阻止步行或骑行等体育活动的形式。

（2）对身体健康的潜在影响：

1）传染性疾病（如性传播疾病、蚊媒传染病的传播）；

2）非传染性疾病（心血管疾病、肿瘤、支气管哮喘等）；

3）现有疾病状况的恶化；

4）伤害，如创伤。

（3）社会因素对健康的影响：

1）就业/失业；

2）地方政府收入；

3）地方工业发展的"副作用"；

4）社会状况（生活方式）变化或人口学特征变化所产生的健康影响，如某地酒精消耗量发生变化；

5）社区的精神和心理健康（例如，发展是否可能造成或减轻压力、焦虑、厌倦、不适）；

6）娱乐或社会活动的变化（增加或减少）；

7）个体孤独感的增加或减少；

8）受影响地区的人口迁移（迁进或迁出）及其产生的健康影响。

（4）需要考虑的特殊群体包括：

1）老年人、儿童（出生以及未出生胎儿）、残疾人、低社会经济地位的人群、不说英语的人、澳大利亚原住民；

2）某地区人口学统计分析显示的其他需要考虑的人群。

二、原则

世界卫生组织在《环境影响评价的健康与安全内容》(*Health and Safety Component of Environmental Impact Assessment*)报告中,提出了四个基本原则,以帮助发挥环境影响评价(Environmental Impact Assessment,EIA)对人类健康的潜在保护作用。这四个基本原则包括:

(1)在项目、政策和规划审批中,基本的考虑事项之一应是受其影响的社区健康;

(2)着重考虑对人类健康产生影响的发展政策和项目;

(3)环境影响评价应提供关于工程、政策和规划健康影响的信息;

(4)健康影响信息应公布于众。

三、角色和职责

1. 提议者的职责

(1)提议者需完成健康影响报告包含范围界定期间鉴定的一些问题,如发展对健康产生的潜在风险和效益以及这些风险的管理问题。

(2)提议者应按照相关司法管辖区规定的影响评价过程要求进行操作。

(3)在影响评价过程中应明确提出潜在的健康影响。如果提议者对需要做什么有任何疑问,他们应联系相关卫生部门。同时也鼓励提议者在鉴定出潜在的负面健康影响后,尽快联系卫生部门,讨论阻止或改善这一影响的可行性方法。

2. 公共卫生机构的职责

(1)协助提议者编制健康影响报告。

(2)讨论健康影响评价过程、方法、特殊健康问题、数据来源、所需的资源和成本回收问题。

(3)提供现有的相关健康和人口数据或确定其可能来源。

(4)参与筛选和范围界定过程。在可能情况下,还应参与现场考察。

(5)审查影响评价报告草稿中的健康内容。

(6)在提议者处理公众咨询所提出的问题时,向其提供建议。

(7)关于某项发展的潜在健康影响,向授权当局提供建议。

(8)根据具体情况,参与健康监测和评价。

(9)与决策机构保持联系。

3. 决策机构(环境部门或规划部门)的职责

(1)在相关指南和标准中,将人类健康作为影响评价过程的内容之一。

（2）鼓励提议者在早期就与公共卫生机构取得联系。

（3）尽早将需要评价的发展项目提交至卫生部门，以便及时考虑。

（4）在提议者或其他机构提交公共卫生相关的监测和评价结果后，向卫生部门提供。

（5）在健康影响评价的反馈信息影响整体影响评价过程时，向卫生部门提供这些反馈信息。

（6）与卫生部门保持联系。

四、健康影响评价过程及其相关内容

参见附图二-3-1 所示健康影响评价（HIA）过程流程图。

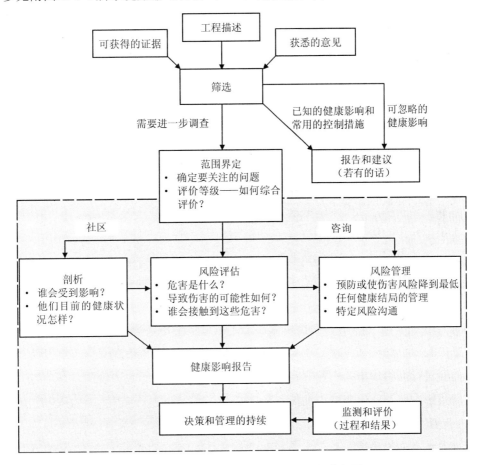

附图二-3-1　健康影响评价（HIA）过程流程图

资料来源：Department of Health，UK.（2000）. A resource for Health Impact Assessment. Insets 2A and 2C. http：//www.doh.gov.uk/london/healthia.htm.

1．社区咨询和沟通

在整个健康影响评价期间，都可以根据情况进行咨询。理论上，每个阶段都可以进行咨询。具体则依据工程规模、工程类型以及各司法管辖区在咨询方面的法律规定而定。在范围界定阶段及其后续步骤开始之前，让利益相关者有机会对决策提案发表意见，是非常必要的。社区咨询和沟通包含以下内容：

（1）向社区提供决策提案的开发细节、可能产生的潜在影响的性质和大小及其相关的风险和利益。

（2）通过纠正误解，消除社区公众的担忧。

（3）在完成提案的时候，提供公众评议的机会，并确保评议被纳入考虑。必要时，可以修改提案。

2．工程描述

在健康影响评价开始，需要进行综合工程描述，以便清楚了解该工程的目的和内容，以及有哪些影响。工程描述应包括以下内容：

（1）工程的基本原理、目标和目的；

（2）对建造过程、所用材料和设备类型以及建筑平面布局的描述；

（3）工程的规划、设计、建造、运行、维护和停运期的必要细节；

（4）投入（工业工序中所用到的能源、水和化学品）和产出（产品和废料）的类型和数量，以及对其处理处置的简要讨论；

（5）对基础设施、当地设施和服务（如电、水、下水道系统和道路）的预期；

（6）工程相关的优势和弊端；

（7）预期的对健康的正面或负面影响；

（8）针对可能影响周围人群的事故所制定的应急操作步骤和应急预案。

3．筛选

筛选是确定被提议的发展项目是否需要进行健康影响评价的过程，一般依据法规进行。健康影响评价的筛选是整体影响评价筛选的一部分。通常情况下，由负责确定发展项目是否需要进行影响评价的机构进行。所有被提议进行环境影响评价的发展项目，都应进行潜在健康影响以及其他影响方面的筛选。

4．范围界定

范围界定是介于筛选与实际风险评估以及后续步骤之间的一个环节。范围界定需要为后续各个阶段设定计划，是健康影响评价过程中的关键步骤。

范围界定的内容包括如下。

（1）确定健康影响评价需要关注的潜在健康影响：首先确定所有可能存在的潜在健康影响；然后评估这些影响的重要性，确定哪些影响重要需要进行关注。

（2）设置界限，如时间表、地域界限、覆盖的人口（包括因年龄和妊娠等风险因素需特别注意的人群）。

（3）确定需要参与的利益相关者，尤其是那些未参与常规影响评价过程的利益相关者。

（4）就影响评价的细节，提议者、卫生部门和其他利益相关者之间进行约定。

5. 剖析

剖析描述了人群的健康状况和一般人口学特征，尤其是那些容易改变的或可作为预期健康影响指标的因素。剖析有助于对社区的潜在健康影响进行鉴别和特征描述，为后续潜在健康影响的评价提供基线。

需要收集的信息包括：

（1）所覆盖人群的特征，例如，人口规模、人口密度及分布、年龄和性别、出生日期、种族、社会经济状况以及高风险人群（如老年护理机构的人、学校学生）；

（2）人群健康状况，尤其是高风险人群如高死亡率、高残疾率和高发病率的人群；

（3）就业/失业水平；

（4）健康行为指标，如饮酒率以及酒精相关损害；

（5）所覆盖人群的环境状况，例如，空气/水/土壤质量、增强水供应或污水处理的能力、交通问题、经济适用房的质量或数量；

（6）高风险人群集中的场所，如某些街道/区域、学校、养老院等。

6. 风险评估

风险评估是确定被提议的发展项目对健康可能产生的潜在影响的过程。这些影响可以是暴露于某种危害所导致的负面影响，也可以是因娱乐设施或就业机会改变而产生的正面影响。

风险评估的方法包括定量评价、定性技术以及定量定性方法的综合应用。

关于健康影响重要性的评价，可参考以下标准。

（1）量级：从深度和广度两个方面说明每个潜在负面影响的严重性大小。影响有多严重？它是否引起基线状况发生重大变化？它是否在短时间内引起较快的变化？这些变化是否超过当地处理或接纳能力？它是否引起不可接受的变化？它是否超过阈值？

（2）地理范围：潜在影响可能扩展的范围（如当地、区、国家或全球）。

（3）持续时间和频率：影响所持续的时间（几日、几年或几十年等）和随时间变化的性质（它是否是间歇性的和/或重复性的？）。如果是重复性的，则多长时间重复一次？

（4）累积的影响：将个别工程的影响加入其他进行中或将要进行的工程或活动中时，所获得的潜在影响。目的是预测是否超过阈值水平。

（5）风险：影响发生的概率。

（6）对社会经济影响的重要性：潜在影响对当地经济或社会结构的潜在影响的程度（或

被感知到的）。

（7）受影响的人：影响在人群中的普遍性？包括受影响人群的比例以及对不同人群的影响程度，尤其是重点人群（如儿童、老人和孕妇等）。

（8）局部灵敏度：当地人群对影响的意识到达什么程度？它是否被认为是很重要的？它是否已经成为社区所关注问题的一个来源？是否存在很多有组织的利益团体受到影响？

（9）可逆性：通过自然的或人为的方法，减轻影响需要多久？影响是否可逆？如果是，是否可在短期内逆转，或者需要一段较长的时期？

（10）经济成本：减轻影响需要多少成本？由谁支付？处理该影响需要多长时间的资金支持？

（11）体制：处理影响的当前体制是什么？是否有现成的立法机构、管理机构或服务机构？处理能力是否有余或者是否已经超负荷运行？基层政府（如地方政府）是否能够处理这些影响或需要其他级别部门或私营部门的帮助？

7．风险管理

风险评估和风险管理是用于处理现有或潜在环境问题对人类健康的威胁，以及对人群、社区和经济利益的负面影响的一类工具。它包括评价这些威胁或影响的发生可能性大小，以及开发和实施相关策略以预防、最小化或消除这些影响。

风险管理是对风险评估的响应，是评估和实施备选行动或措施的过程。这一过程需要进行价值判断，如对成本投入的容忍度和合理性。

风险管理包含以下几个内容：

（1）是否可以避免风险或将其降到最小？

（2）是否有更好的备选方案？

（3）如何评价和比较效益和风险？

（4）如何调节对成本和效益以及性质和量级的不同看法？

（5）对未来健康风险的预测能否经得起法律和公众监督？

8．结果运用和决策制定

决策制定过程需要综合考虑科学、技术、社会、经济和政治等方面的信息以及社区关注的问题。对于影响评价结果在决策制定中的应用，不是卫生部门的职责。只要卫生部门能够参与到健康影响评价过程中并和决策制定者之间保持充足的沟通就行。重要的是将健康影响评价作为总体影响评价过程的一部分，推荐方案和决策及其理由应保持公开。

这个阶段需要考虑以下问题：

（1）评价是否为决策制定提供充分的、有效的和可靠的信息？

（2）是否存在有待解决的冲突？

（3）如何强制执行这些条件？

（4）如何监测影响以及由谁来监测？

（5）如何提供项目后的管理？

9. 监测、环境和健康监测以及项目后评价

该部分主要是进行过程评估，同时了解环境和健康影响评价作为一个整体时，如何实现其保护环境和健康的目的。

主要包括以下几个方面的内容：

（1）监测该发展项目的实施是否符合其条件？

（2）按照规定，监测该发展项目实施前后的健康影响变化。

（3）评价健康影响评价过程的效能，寻求该发展项目实施以及降低风险之间的投入和收益平衡。

（4）对健康结局的评价，从而确定健康影响评价过程的有效性以及是否有利于改善健康结局。

五、健康影响报告

在准备健康影响报告时，提议者必须首先考虑纳入哪些数据及信息。一般情况下，健康影响报告应包括以下内容：

1. 提议者和发展项目的情况（如该发展项目的详情、实施地点、有关该地点的历史、气候等）。

2. 受影响社区或受益社区的情况（包括人口数据、健康状况数据、特殊人群的情况）。

3. 健康环境数据。一系列环境因素影响着健康，尤其是食品、水和空气质量以及废物处理等。另外还包括政府负责的公共设施、交通、危险物品的存储、处理和处置等。

4. 社会影响。由于健康影响和社会影响密不可分，在健康影响评价中，开展社会影响评价非常重要。当健康影响和社会影响相互重叠时，要采用不同的分析技巧，分别进行评价。如果社会影响因素对健康非常重要，应通过健康影响评价处理这些影响。

5. 经济影响。只有当经济影响是重要的健康影响因素时，才需要进行评价。经济影响评价应独立于健康影响评价而进行。

6. 健康影响评价。根据前述关于健康影响重要性的评价标准，将正面健康影响和负面健康影响进行综合梳理。如果存在大量的负面健康影响且无法缓解，则需要重新思考被提议的政策/项目/工程。如果存在大量的可以改善或缓解的负面影响，则卫生部门可以考虑提出推荐建议。可能的缓解措施如下：

（1）改变结构、设备或其他细节的工艺、设计，以便降低对人群的风险或负面健康影

响。这包括改变所用的工艺/化学品、安装污染物控制设备和安全设备、更改速度限制、提供危险设施的远程定位等。

（2）对职员进行专项培训，加强操作安全性。

（3）加强现场施工期间和施工后的监管，以降低其产生的负面健康影响。

（4）建立公共卫生监督系统，以便监测实施期间和实施后发展的健康影响。

（5）尽早发现潜在问题和应变措施，以便提前应对。

（6）在发生急性暴露或重大事故时，确保应急操作步骤和应急预案准备就绪。

（7）修改土地利用规划，确保该发展项目不在敏感区域或远离敏感区域。

（8）修改基础设施，降低负面健康影响。

（9）在该发展项目实施的各个阶段，尤其是在结束时，消除危险并修复环境（如场地修复）。

（10）根据监测结果，更改步骤、结构或其他方面（包括对健康指标、生物指标或环境指标的监测，这些指标揭示了由该发展项目导致的健康风险增加或意外健康风险）。

（11）确保可以获得处理任何潜在的负面健康事件的服务，包括卫生人员的培训。

（12）考虑受影响人群中工人和高危人群的特殊需求。

（13）采取措施，以便建立公信力和对项目管理措施的信任。

（14）向受影响人群发放补偿金（给予团体或个人财政捐款或其他捐款）。补偿金的支付方式应使补偿金的缓解作用达到最优化。

六、结论

为了改善与发展项目相关的健康问题，本指南概述了健康影响评价在政策/规划等提议的重要性，提出了健康影响评价可以促进正面健康影响的最大化、促进负面健康影响的最小化、加强可持续发展的可能性。

本指南不提倡创建新的评价过程，只是提倡将健康影响评价融入已有影响评价之中。

（刘继恒　刘建华　徐勇整理　钱玲　卢永审核）

健康影响评价国际最佳实践原则
（国际影响评价协会）

一、概述

健康是一项与所有影响评价领域均相关的跨领域主题。因此，研究健康影响评价（Health Impact Assessment，HIA）的原则时，应配合国际影响评价协会（International Association for Impact Assessment，IAIA）提供的其他具有最佳实践性的原则。国际影响评价协会和世界卫生组织（World Health Organization，WHO）在健康影响评价合作方面签订有备忘录。关于影响评价的原则和实践，国际影响评价协会撰写出版了一系列，涵盖影响评价实施的各个重要环节。本篇由国际影响评价协会健康部制定。

本篇原则旨在推进健康影响评价，以便更好地考虑所做决策对于健康的意义并使其更具可持续性。这些原则将有助于实践者将健康融入影响评价之中；有助于决策者委托开展影响评价并审议评价结果，以及帮助其他利益相关者确保在发展规划中关注了健康和健康愿景。

健康影响评价提供了一个系统的流程。通过健康影响评价，可以在发展规划制定过程的早期阶段识别并确定健康危害、风险和机会，从而避免这些潜在影响的转化，并促进多部门在健康和福祉方面的责任意识。公共健康管理规划中的保障措施、缓解措施和健康促进活动是健康影响评价不可或缺的一部分。

二、健康影响评价的主要原则

1. 指导原则

世界卫生组织《哥德堡共同声明》（*The Gothenburg Consensus Paper*，1999 年）指出，制定由社会、政府、部门及其中负责政策制定的工作人员共同构架并遵守的健康影响评价的指导原则是：

民主性——强调公民有权直接参与或通过其选举的决策者参与那些影响其生活的提案制定过程。应将公众参与纳入健康影响评价并告知和影响决策制定者。应区分那些自愿暴露于风险的人和那些被迫暴露于风险的人①。

公平性——强调减少不平等。这些不平等来源于人群内部和人群之间的健康决定因素和（或）健康状况的可避免差异②。健康影响评价应当考虑到健康影响对不同人群的差异性，格外关注弱势群体③，并提出修改意见，从而改善对受众的影响。

可持续发展性——强调发展在满足当代人需求的同时，应不损害后代人满足其自身需求的能力。健康影响评价方法应当判断每个提案的短、长期效应，并及时提供给决策者。健康是人类社会保持活力的基础，支持着整个社会的发展。

证据使用的伦理性——强调证据归纳和解释的过程必须是透明和严格的，强调使用来自不同学科和方法的最佳证据，强调所有证据的价值性以及建议的公平性。健康影响评价方法应当利用证据来判断影响并提出建议，不应当过早地支持或反驳任何建议，并且应当是严格和透明的。

处理健康问题方法的综合性——强调身体、心理和社会适应是由社会各个部门的众多因素所决定（即"更广泛的健康决定因素"）。健康影响评价方法应当基于这些广泛的健康决定因素。

2. 实践原则

（1）健康影响评价实施的关键步骤以及相关责任建议

1）筛选：决定是否需要进行健康影响评价（由职能部门/政府进行桌面演练）。

2）范围界定：为评估设定时间和空间的界限，为整个健康影响评价流程确定适合的职权范围（通常由中央、省和/或地方卫生部门以及关键的利益相关者负责）。

3）整个健康影响评价流程（由按照职权范围要求的健康影响评价团队负责）。

4）公共参与和对话（由卫生部门或其他相关部门发起）。

5）健康影响评价报告的鉴定（遵守职权范围的要求，使用独立标准的质量控制）和建议的可行性、可靠性、可接受性（卫生部门或其指定的独立咨询人）。

6）为部门间行动建立框架（卫生和相关部门）。

7）关于健康保障措施的资源分配的谈判（财政部和有关部门）。

8）监测（健康指标的适宜性和相关性）、评价和适当的后续行动（卫生和相关部门）。

---

① World Health Organization 2001 Health Impact Assessment. Harmonization，mainstreaming and capacity building. Report of a WHO inter-regional meeting（Arusha，31 October-3 November 2000），WHO/SDE/WSH/01.07. Geneva: World Health Organization.
② 例如，跨年龄、性别、族群和地理位置等。
③ 群体处于弱势地位是其身体状态（如儿童、老年人、残疾人）或社会地位（如社会经济地位低下的人、少数民族、女性）决定的。

（2）健康影响评估方法

1）收集并分析来自相关部门的二手数据（如国家或地方的健康统计、环境和人口统计数据）。

2）采访关键信息提供者，或组织利益相关者专题小组讨论（参与式方法）。

3）对生物物理学、社会和制度环境的直接现场考察。

4）使用地理信息系统进行绘图。

5）回顾相关的科研文献和"灰色"文献。

在多数情况下，没有足够时间去做横断面流行病学调查，但对于规划阶段耗时较长的项目如大型水坝，可将其作为项目评估的一部分进行。在适宜情况下，开展综合评估可以节省时间和降低评估成本。

（刘建华　刘继恒　徐勇整理　钱玲　卢永审核）

主要参考文献

[1] 中国共产党中央委员会，中华人民共和国国务院.《"健康中国 2030"规划纲要》［R/OL］［2016-10-25］.
     http://www.gov.cn/xinwen/2016-10/25/content_5124174.htm .

[2] Adrian Field. Integrating Health Impact Assessment in Urban Design and Planning：The Manukau
     Experience[R]. Wellington，New Zealand：the Ministry of Health，2011.

[3] Birley Martin. Procedures and Methods for Health Impact Assessment. D O. HIA - Report of a Dh
     Methodological Seminar[R]. HIA Gateway，West Midlands Public Health Observatory，1998：11-33.

[4] Birley Martin. Health Impact Assessment，Integration and Critical Appraisal[J]. Impact Assessment &
     Project Appraisal，2003，21（4）：313-321.

[5] Catherine L. Ross，Karen Leone de Nie，Andrew L. Dannenberg，et al. Health impact assessment of the
     Atlanta BeltLine[J]. American Journal of Preventive Medicine，2012，42（3）：203-213. DOI：
     10.1016/j.amepre.2011.10.019.

[6] Fran Baum. The new public health [M]. Oxford，United Kingdom：Oxford University Press，2008.

[7] Fran Baum，Angela Lawless，Toni Delany，et al .Health in All Policies from international ideas to local
     implementation：policies，systems and organizations [M]//C.Clavier，E. de Leeuw. Health Promotion and
     the Policy Process：Practical and Critical Theories. Oxford，United Kingdom：Oxford University Press，
     2013.

[8] 高荷蕊，刘民，梁万年，等. 2008 年奥运会对北京城市健康环境影响的阶段性评估[J]. 首都公共卫
     生，2007，1（2）：58-64.

[9] Harris-Roxas B，Harris E. Differing forms, differing purposes: A typology of health impact assessment[J].
     Environmental Impact Assessment Review，2011，31（4）：396-403.

[10] Harris P，Spickett J. Health impact assessment in Australia：A review and directions for progress[J].
     Environmental Impact Assessment Review，2011，31（4）：425-432.

[11] 黄正. 我国建设项目健康影响评价的问题与对策[D]. 武汉：华中科技大学，2011.

[12] International Association for Impact（IAIA）. Health Impact Assessment：International Best Practice
     Principles Assessment[R].Special Publication Series，2006：（5）.

[13] John Kemm. Health Impact Assessment：Past Achievement，Current Understanding，And Future Progress

[M]. Oxford，United Kingdom：Oxford University Press，2013.

[14] John Kemm，Jayne Parry. The Development of HIA [M]//John Kemm，Jayne Parry，Stephen Palmer，et al. Health Impact Assessment. Oxford，United Kingdom：Oxford University Press，2004a：15-24.

[15] Karen Lock，Mojca Gabrijelcic-Blenkus，Marco Martuzzi，et al. Health impact assessment of agriculture and food policies：lessons learnt from the Republic of Slovenia[R]. Bulletin of the World Health Organization，2003，81（6）：391-398.

[16] Kimmo Leppo，Eeva Ollila，Sebastián Pêna，et al. Health in All Policies：Seizing Opportunities，Implementing Policies [M]，Finland：Ministry of Social Affairs and Health，2013.

[17] 李潇.健康影响评价与城市规划[J]. 城市问题，2014，5：15-18.

[18] 刘民，梁万年，傅鸿鹏，等.2008 年北京奥运会对人群健康影响的评价指标体系[J]. 首都公共卫生，2007，1（3）：108-110.

[19] Public Health Advisory Committee. A Guide to Health Impact Assessment：A Policy Tool for New Zealand（2nd edition）[R]. Wellington. New Zealand，2005：28-76.

[20] Public Health Commission. A guide to health impact assessment：Guidelines for Public Health Services and resource management agencies and consent applicants. May 1995.

[21] 钱玲，卢永，李星明，等. 国外健康影响评价的研究和实践进展[J].中华健康管理学杂志，2018，12（3）：282-287.

[22] Rajiv Bhatia. Health Impact Assessment：A Guide for Practice[R]. Oakland，CA: Human Impact Partners，2011：9-49.

[23] 任亚龙.论我国环境影响评价制度 [D]. 南宁：广西师范大学，2013：10-11.

[24] The enHealth Council，the National Public Health Partnership. Health Impact Assessment Guidelines[R]. Canberra，Australia：Public Affairs，Parliamentary and Access Branch，Commonwealth Department of Health and Aged Care，2001：11.

[25] 汪洋，陈静，龙倩，等. 三峡工程对库区人群健康的影响研究[J]. 西南大学学报（自然科学版），2005，27（4）：491-493.

[26] 王兰，蔡纯婷，曹康. 美国费城城市复兴项目中的健康影响评估[J]. 国际城市规划，2017，32（5）：33-38.

[27] World Health Organization（WHO）. Constitution of WHO：principles [EB/OL].（1948）. http://www.who.int/about/mission/en/.

[28] World Health Organization（WHO）. Declaration of Alma Ata. International Conference on Primary Health Care，Alma ATA，USSR. [EB/OL].（1978）. http://www.who.int/topics/ primary_health_care/alma_ata_declaration/zh/.

[29] World Health Organization（WHO）. Ottawa Charter for Health Promotion[EB/OL].（1986）.

http://www.euro.who.int/en/publications/policy-documents/.

[30] World Health Organization（WHO）. Adelaide Recommendations on Healthy Public Policy [EB/OL].（1988）. www.who.int/healthpromotion/conferences/previous/adelaide/en/index1.html.

[31] World Health Organization（WHO）. Health Impact Assessment: Main Concepts and Suggested Approach: The Gothenburg Consensus Paper[R]. Brussels: WHO Regional Office for Europe，1999.

[32] World Health Organization（WHO）. Health in All Policies（HiAP） Framework for Country Action[R]. Geneva: WHO，2014. http://www.who.int/healthpromotion/ frameworkforcountryaction/en/.

[33] World Health Organization（WHO）. Social determinants of health: Health promotion conference builds momentum for Health in All Policies[EB/OL]. http://www. who.int/social_determinants/areas/global_initiative/8th_global_conference_health_promotion/en/.

[34] World Health Organization（WHO）. Health Impact Assessment［EB/OL］. http://www. who.int/hia/en/.

[35] World Health Organization（WHO）. Health Impact Assessment: Examples of HIA[DB/OL]. http://www.who.int/hia/examples/en/.